JN263058

ホーキング　虚時間の宇宙

宇宙の特異点をめぐって

竹内　薫著

ブルーバックス

●装幀／芦澤泰偉・児崎雅淑
●カバーイラスト／北谷しげひさ
●目次デザイン／中山康子
●図版／さくら工芸社

目次

冒頭ショートショート

異星交遊記

このショートショートはフィクションですが、ホーキングの物理理論と密接に関連しており、解説ページも載せてあります。まずは気楽にお読みください!

1

ケンブリッジ大学のスティーヴン・ホーキング博士によれば、ブラックホールは本当はグレーホールなのであり、つまりは熱くて周囲に放射を出しているのであり、時間がたつと蒸発して消えてしまうのだそうである。

それはまるで子供の吹いたシャボン玉が、はかない寿命を全うしてパチンとはじけて消えるさまに似ている。

私は最近、ある奇妙な事件に遭遇した。それは、ホーキング博士のブラックホール仮説と深く関係している。

申し遅れたが、私の名は湯川薫。当年取って44歳。東都大学理学部物理学科教授で、先日、この惑星の科学アカデミー会員に選ばれたばかりである。首都近郊の一軒家に妻と小学5年生になる子供と一緒に暮らしている。

事件の発端は1週間前であった。

この日、私がいつものように出勤前の朝食をとろうとして新聞を読んでいると、息子のケルヴィンがいきなり質問を始めた。

「ねえ、パパ、宇宙には僕たち以外の生き物っているの?」

「そうだね、いるかもしれないし、いないかもしれない」

私は新聞から目を離さずに答えた。

「もしこの惑星にきたらどうするの? なかよくするの? それとも戦争するの?」

私は新聞のスポーツ欄が大好きで、ちょうどお気に入りの野球チームの記事を読んでいたので、少々、息子の質問が面倒くさくなった。

「そうだな。そんな連中がやってきたら、おそらく科学アカデミーで協議して、生け捕りにして実験することになるだろうさ」

　私の意地悪な答えに驚いたのか、息子は、それきり黙ってしまった。

　私がさらに野球の記事を読み進めていると、今度は、台所からコーヒーを運んできた妻のクサンチッペがしゃべりはじめた。

「変ねぇ、コーヒーメーカーがみつからないのよ」

「割れたんじゃないのか？」

「まさか」

「どこかの棚に入れて忘れたんだな」

「ねえ、あなた、それはそうと、また広告が入っていたのよ」

「そうかい」

「今週だけ1割引きで買えるんだって」

「ふーん、いいじゃないか」

「じゃあ、買ってもいいのね？　ありがとう！」

「え？」

　買う、ありがとう、ということばに反応して、私が新聞を机の上におくと、正面では、ケルヴィンが慌てて何かを懐《ふところ》にしまったのが見え、妻が壁によりかかって電話をかけているのが目に入った。

「ごちそうさま！　じゃあ、僕学校に遅れちゃうから、もう行くね！」

ケルヴィンはそう言うと、ランドセルをゆっくりと慎重に背負って、部屋から出て行った。すぐに玄関の扉の閉まる音が聞こえた。

なんのこっちゃ？

だが、ケルヴィンの挙動になどかまってはおられない。今度は、嬉々とした妻の話し声が聞こえてきた。

「じゃあ、お願いするわ。クレジットカードの番号は××××××××」

私が一言も口をきく間もなく、電話は切られた。

妻がテーブルまで歩いてきて私のおでこにキスをした。

「ありがとう、ダーリン。おいしいもの一杯つくってあげるから」

そう、すっかり忘れていたが、ここ数日、妻はオリファント印の特大圧力鍋を欲しがっていたのだ。それは真っ赤で、エイリアンの尖った頭蓋骨のような恰好《かっこう》をしていた。すでに何度もカタログを見せられていたのだが、かなり高い買い物なので、これまで返事をうやむやにしてきたのであった。

やれやれ。お気に入りの野球チームは最下位独走中だ。

＊＊＊

その日、電車のつり革につかまって、スーパー監督の立場から、贔屓《ひいき》の野球チームの打順やピッチャーの起用法などに頭を悩ませていると、いきなりスターウォーズのテーマが鳴り響いた。胸ポケットに入れておいた私の携帯に着信したのである。

前の席に座っていた二人組の高校生が私のことを指差してなにやら耳打ちしてから爆笑したが、私は、コホンと咳をすると、携帯を取り出して話し始めた。

「もしもし、湯川ですが」

「こちら科学アカデミー総裁の芥川だが」

「あ、先生、なにか御用でしょうか」

「携帯切ってよ」

「え?」

「緊急会合を開くことになったのだ」

「わかりました。何時からでしょうか?」

「何時でもいいから、携帯切れよ、オッサン」

失礼。ちょっと通話相手と電車内の声が「混信」しているようだ。

科学アカデミー会員や国家安全局委員といった国の機密や保安に関係する人間は、喫煙・携帯が禁止されているところでも電話をすることが許されている。(もちろん、喫煙のほうはダメだが)でも、一般国民はそんなことは知らないので、満員電車の中で電話をするな、と乗客が私に注意しているのである。

「いい歳した大人が社会マナーを守らなくていいのかよ」

しゃべっているのは、私の前の席に座っている高校生男女ペアの男のほうである。どうやら、正義漢ぶってガールフレンドにいいところを見せようとしているらしい。

私は科学アカデミーの会員証を見せて脅してやろうかとも思ったが、この高校生、ちょっと腕っぷしが強そうだし、頭はカラッポそうだし、周囲の人々に特権を振りかざしていると思われて憎まれるのもイヤだったので、どうしようか迷っていたら、おりよく電車が駅についた。

そのまま黙ってホームに降りると、背後から、

「オッサン、あやまらずに逃げんのかよ」

という罵声が飛んでくるのが聞こえた。

ホームに降りた私は、ふたたび芥川総裁と話を始めた。

「われわれは惑星存亡の危機にあるかもしれない。とにかく、1時間後に神殿で会おう」

「わかりました」

携帯を切った私の目の前を車窓でアッカンベーをした高校生の顔が通り過ぎて行った。

2

現代科学は宇宙から境界をなくすことにより神様の居場所もなくしてしまった。だから今では、古代の神殿は科学アカデミーが接収して独占的に使用している。

その日、アカデミーの会議室は、異様な雰囲気に包まれていた。

みな、すでになんらかの危機的な情況がこの惑星を襲っているらしいことは知っていたが、それが具体的に何なのかは、まだ一部の幹部メンバーしか知らないようだった。

会場のざわめきが消えた。

会議室の前の扉から科学アカデミー総裁の芥川と副総裁のホーキング博士、それから見知らぬ若い女が入ってきた。

会員たちは馬蹄形の会議テーブルの席に着き始めた。

テーブルの端っこの席に座ろうとした私に芥川総裁が呼びかけた。

「湯川くん、君は本日の主役だ。いったい何をやったのか、もうわかっているね？」

全員の視線が私に突き刺さった。

＊＊＊

会議というものは、どこの惑星でもどこの国でもどこの組織でも退屈なものだから、詳細を知りたい方は議事録をご覧いただくとして、かいつまんで事情をご説明しよう。

一言でいえば、私は嫌疑をかけられたのである。副総裁のホーキング博士が若い頃に制定した「裸の特異点禁止令」を破って、私がこの惑星を乗っとろうとしている、というのだ。

なんとも馬鹿馬鹿しい嫌疑だが、驚いたことに、ホーキング博士が統括する「時空曲率監視局」が、昨日、私の自宅で、きわめて微弱ではあるが、ミニブラックホールにきわめて似た時空の歪みを検出したというのだ。

どうやらこの件については、総裁の芥川も会議の直前にホーキング博士から詳細を知らされたばかりらしく、さきほど私に電話をかけてきたときには、まさか私が犯人だとは思っていなかったらしい。

もちろん、まったく身に覚えがない嫌疑だった。

「湯川くん、昨日の午後8時前後の君のアリバイを証明したまえ」

議長役の芥川が私を詰問した。だが、芥川は私の恩師でもあるので、同時に目配せをしてきた。なんとか言い逃れろ、ということなのだろう。たしかに私が有罪になれば師匠である芥川の政治的な立場も危うくなるだろう。

「昨日、私は午後9時まで東都大学の研究室で仕事をしておりました。助手と警備員が証言してくれるはずです」

私の答えを聞いたホーキング博士が部下に目で合図を送った。その部下は会議室を出てゆき、しばらくすると戻ってきて、ホーキング博士に耳打ちした。ホーキング博士のコンピューターから人工合成音が発せられた。

「湯川博士、あなたのアリバイは証明された。だが、昨日の午後8時3分47秒にあなたの自宅内において空間曲率の微細な変動が起きたことは明らかなのだ。時空曲率監視局の空振計が重力波の震源を特定したのだから」

そういうとホーキング博士は視線入力で手元のパネルのスイッチを入れた。議場のスクリーンに惑星ゾアの衛星写真が映り、徐々に映像が拡大されてゆき、最後に私の自宅が映し出された。

私は申し開きを余儀なくされた。

「ありえません。ご存知のとおり、科学アカデミー規約により、大学および研究所のあらゆる実験機器は、もちだすことが不可能であります。仮に私が時空振を発生させたとして、いったい、どうやって機材を家に運び込んだのです？　そんなこと、誰にもできませんよ」

すると、これまで芥川とホーキングの隣で黙って審問のなりゆきを見守っていた女性が初めて口を開いた。

「これを使ったんじゃありませんこと？」

女は手にコリタ製のコーヒーメーカーをもっている。

「は？　訳がわからん。いったい、あなたは何者です？」

私の問いかけに、女は、

「サセックス大学のクローディア・エバーレイン博士です。あなたは私の『音ルミネッセンス＝ホーキング放射仮説』を悪用したのではありませんか？」

と言って私に人差し指を突きつけた。

音ルミネッセンス＝ホーキング放射仮説？　なにそれ？　まったくもって意味不明だ。

そういえば、どこかで音ルミネッセンスというのは聞いた憶えがある。たしか、

《水中で超音波を発すると気泡ができて、それが潰れるときに光を発する》

という現象だったような気がする。だが、それがどうして時空曲率に影響し、ホーキング博士の「裸の特異点禁止令」に抵触するのだ？

わからん。私は頭が混乱し口を噤《つぐ》んだ。

「こうなったら、現場で申し開きをするしかあるまい」

仲裁役の芥川があきらめるような口調で私に目配せしながら言った。

3

屈強な数名の警備員に護衛……というか護送されて、私と芥川とエバーレイン博士は首都郊外の私の自宅に到着した。

パトカーはサイレンを鳴らしていなかったにもかかわらず、ご近所の人たちが表に出て、犯罪人の烙印を押された私を眺めていた。いつのまに洩れたのか、驚いたことに新聞やテレビの取材陣まで集まっている。

これでは、まるで逮捕された犯人の現場検証ではないか。もちろん科学アカデミーの誰かがチクったのである。このありさまを見て、芥川が小さな声で悪態をついた。おそらく、今、彼の頭の中は、どうやってこの難局を乗り切って、アカデミー内での政治的な発言力を維持するか、その方策だけが駆け巡っているのだろう。

自宅玄関から中に入ると、心配そうな顔つきの妻のクサンチッペと息子のケルヴィンが待っていた。

「あ、ブラックホールみたい！」

息子のケルヴィンが総裁のアタマを指差して叫んだ。

部屋全体が凍りついた。

ケルヴィンは、さらに追い討ちをかけるように、まくしたてた。

「パパがいつも言ってるよ、総裁のアタマは《ブラックホールには毛がない定理》みたいだって」

ケルヴィンは非常に頭のいい子なのだが、正直すぎて、時と場所をわきまえないところがある。

私はケルヴィンのことをぐっと睨《ね》めつけたが、もともと悪気がないので、意味は伝わらなかったようだ。

「坊や、よくお勉強しているねぇ。だったら、ブラックホールの真ん中にはコワーイ特異点があって、そこが地獄だってことも知ってるよね？　おじさんが坊やをそこに連れていってあげようか」

芥川が意地悪そうな三日月の眼になって言った。

「そんなの嘘だよ。特異点なんか本当は存在しないんだよ。地獄なんかないもん」

ケルヴィンが芥川を小馬鹿にしたような顔つきになった。

それを見たエバーレイン博士は、かがみこんでケルヴィンの目線に合わせると、

「坊や、どうしてそんなこと知ってるの？　ブラックホールの真ん中には、地獄のかわりに何があったの？　お姉さんに教えてちょうだいな」

そう言って、やさしく微笑んでみせた。

＊＊＊

犯人はケルヴィンだった。

ケルヴィンは私が持ち帰った『科学アカデミー秘法』を勝手に読んでいて、たまたま、そこに記されていたエバーレイン博士の仮説を実証してみようと考えたらしい。規約にしたがって、『科学アカデミー秘法』は私の書斎の金庫に保管しておいたのだが、ケルヴィンは私よりも頭がいいので、なんなく鍵をあけてしまったらしい。

知的好奇心とは恐ろしいものだ。

私と妻とケルヴィンは、芥川総裁とエバーレイン博士とともに、子供部屋に入って扉を閉めた。

「ケルヴィン、いいかい、こうなったらしかたない。何をやったか、全部パパに話してみなさい」

私はケルヴィンの肩に手を置いて諭《さと》すように言った。

「話したらピピを実験台にしないって誓う？」

「ピピ？」

「うん。　ビーカーからでてきたんだよ」

「ビーカー？」

「あの……」

ケルヴィンは私から妻に視線を移すと、母親の顔色を窺《うかが》うように黙ってしまった。

妻は軽く溜め息をつくと、

「コリタ製コーヒーメーカーのことね？」

と腰に手を当てて言った。妻は料理のこととなると、とたんに見境がつかなくなる性質《たち》だ。調理器具や食器にも異常な愛情をそそぐ。いつものようにながーい小言が始まりそうになったので、私は、すかさず救援に入った。

「ク、クサンチッペ。コリタ製のコーヒーメーカーなら、すぐに新しいのを買ってあげるから、今は、惑星存亡の危機でもあるし、とりあえずケルヴィンの話を聞こうじゃないか」

妻は、しげしげと私の顔を眺めていたが、さすがに芥川とエバーレインに気がねしたのか、口を尖らせたまま黙った。

私はふたたびケルヴィンのほうを振り向いた。

「どうしたらビーカーからピピが出てきたんだね？」

「そこのエバーレインっていうオバサンの論文に出てたんだ」

自らを「お姉さん」と定義したにもかかわらず、ケルヴィンにオバサンと呼ばれてエバーレインの顔色が変わった。

「湯川博士、やはり、あなたが教えたのね？　子供のせいにしようと言い逃れをしてもダメよ」

さすがに子供相手に怒るわけにもいかず、エバーレインの矛先は私に向けられた。

「どうして私が教えたと思うんです？」

「だって、この子、私の名前まで知ってるじゃない！　あなた以外に誰が教えたというの？」

一瞬、部屋を沈黙が支配した。

芥川がコホンと軽く咳をした。

「だって、オバサン、名札つけてるじゃん」

ケルヴィンがエバーレインの胸の名札を指差した。科学アカデミーの準会員であるエバーレインは、神殿に入るときに名札をつけており、それを取り忘れていたのだ。

「あら、そうだったわね」

ばつが悪くなったのか、それきりエバーレインは黙ってしまった。

部屋中に気まずい空気が流れた。

私は、本題に戻すことにした。

「ケルヴィン、ビーカーからピピが出てきたときの情況を説明しておくれ」

その後のケルヴィンの実験解説は、まるで大学の講義そのものだった。

うすうす自分より頭がいいとは感じていたが、ケルヴィンは、いつのまにか私の蔵書や論文集を読み漁り、隠れて自室で実験を繰り返し、とうとう、現代科学の最高峰であるとともに一般への公開が禁止されている奥義集、すなわち惑星ゾア科学アカデミー秘法の論文の内容までも吸収していたのだ。

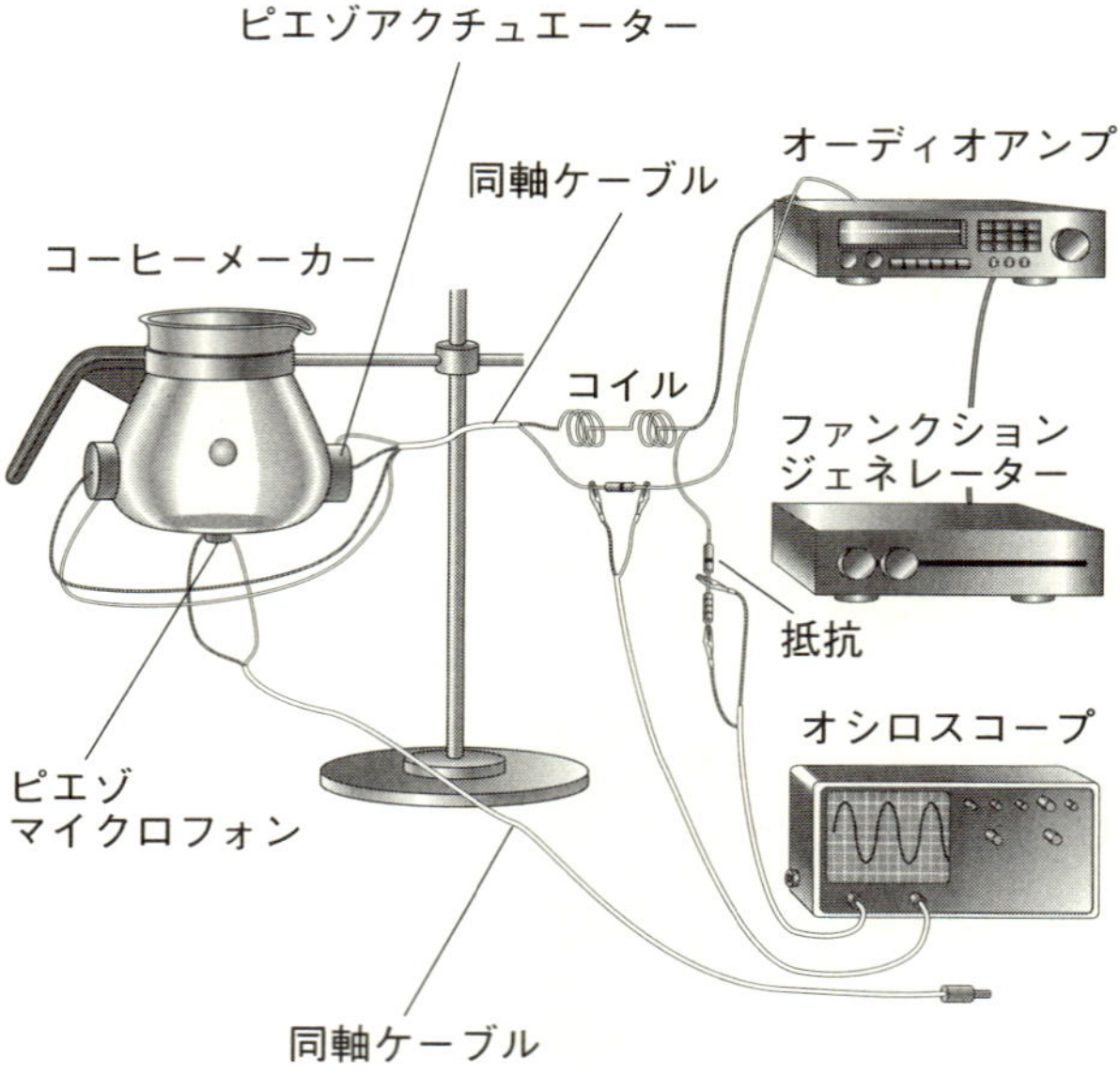

図ｉ　今回の実験概要

ケルヴィンによると、今回の実験は、意外と簡単だったようだ。（図ｉ）

実験概要

《まず、台所から母親愛用のコーヒーメーカーを失敬した。あらかじめ蒸留しておいた水を入れて、それから、自分のステレオのアンプをピエゾ振動子《アクチュエーター》につないで、エポキシ樹脂で振動子をコーヒーメーカーに貼り付ける。あとは電源を入れると、水の中に気泡が生まれて、音波につられて大きくなって、ふたたび音波につられて小さくなって、やがて潰れてしまう。気泡は超音速で潰れるため、衝撃

波が気泡の中心部へと向かい、気泡内部の温度は1万度以上にまで上昇する。そのとき、光が放出される》

音のエネルギーが光に変換されるので「音ルミネッセンス」（ルミネッセンス＝冷光）という名前がついている。

エバーレイン博士の論文は、もともと他の専門雑誌に投稿されたものだったが、国家論文監視局の目にとまり、ホーキング博士の「裸の特異点禁止令」に抵触する恐れありとして、一般の目から遠ざけられたのだ。そして、科学アカデミーの会員だけの秘密としてアカデミー秘法に極秘文書扱いで載せられたのである。

エバーレイン仮説はいたって簡単だ。

《なんらかの方法により気泡内の温度と圧力が限界値より大きくなると、一時的にミニブラックホールが形成され、それがホーキング理論にしたがって蒸発する》

というのである。

4

われわれはケルヴィンの子供部屋に集まっていた。

「ピピ、出ておいで！」

ケルヴィンが呼びかけると、ベッドの下から生き物が這い出してきた。それは小さく、身の丈10センチメートルほどで、ちょうど猿から毛をむしったような姿形をしていた。裸の特異点ならぬ裸の猿である。

だが、明らかに知的生命体で、いろいろな装備をもっている。なかにはコンピューターとおぼしきものまであり、自動翻訳機を使ってしゃべり始めた。どうやら学習機能をもっているらしい。

「われわれ第三惑星からやってきた……ブラックホールの探検隊……周囲で測定しているときに、いきなりワープした……おそらく、こちらの宇宙の空間の歪みが原因……早急に元の宇宙に帰してもらいたい」

かなりたどたどしい言葉だが、なんとか意味はとれる。

つまり、ケルヴィンの実験に誘発されて、たまたま遠い宇宙とコーヒーメーカーの中の空間がつながってしまったらしい。

この裸の猿がそこを無事に通り抜けてきたところをみると、たしかにケルヴィンのいうとおり、ブラックホールの真ん中には、裸の特異点などなかったにちがいない。

「湯川くん」

芥川が小声で私に話しかけてきた。

「なんでしょう」

「ひとつ提案がある。裸の特異点禁止令にそむいたケルヴィンくんと科学アカデミー除名寸前の君を同時に救う方法だ」

「といいますと？」

「この生き物を科学アカデミーで実験し、解剖した後、悪いエイリアンを退治したことを公表して、会員と国民を納得させるのだ」

私は思わず妻と顔を見合わせてしまった。ケルヴィンと異星人ピピが心配そうな顔つきで私のことを見上げている。

＊＊＊

クサンチッペは、子供部屋から出ると、警備員に向かって、

「ホントに科学者って何考えてるかわからないわ。エイリアン捕獲用に大型圧力釜を持ってこいですって。オッホッホッホ」

そう笑いかけ、そのまま台所まで歩いてゆくと、夕方に届いたばかりのオリファント製圧力釜を抱えて、部屋にとってかえした。

子供部屋の扉を内側から閉じると、

「持ってきたわ」

そういってケルヴィンの前に釜を置いた。

芥川とエバーレインは、ケルヴィンのベッドの上でさるぐつわをかまされて手足を粘着テープで縛られて身動きができない。

(それにしても、あのテープを剝がすとき、もの凄く痛いんだろうな)

私は、そんな想像をして思わず身震いした。

ケルヴィンによれば、異星人ピピを何度も元の宇宙空間に戻そうとしたが、どうしてもうまくいかなかったらしい。芥川とエバーレインの動きを封じたあと、ケルヴィンのパソコンをつかって、私はその原因を計算してみた。

どうやら、あちらの空間からこちらに来るときと、こちらの空間からあちらに行くときとでは、必要になる圧力がちがうらしい。

2つの空間は、時空の虫食い穴、すなわちワームホールでつながるのだが、それは、外から見ているかぎりはブラックホールにしか見えない。ブラックホールは、ホーキング博士の予言どおりすぐに消滅してしまうが、もっと圧力をかけることさえできれば、消滅するまでの時間を引き延ばすことができて、異星人を元の空間に送り返すことが可能になりそうなのだ。

もちろん、他のまったく別の時空につながる恐れもあったが、どうやら、この宇宙とあちらの宇宙は、ちょうど2つのシャボン玉のように隣り合っているようなので、とにかく「おおきな穴」さえ開けることができれば、無事に帰還できるにちがいない。

ケルヴィンとピピは何やら話し込んでいたが、どうやら、手順の説明もおわり、別れの挨拶も済んだようだ。

ピピはペコッと小さくお辞儀をすると、自分の宇宙船に乗り込んだ。それは、銀色の大きな卵のような形をしていた。

ケルヴィンは、慎重にコーヒーメーカーの中に水を注ぎ込むと、ステレオのアンプにつなげてから、宇宙船を沈めて、装置全体を真っ赤なオリファント製の圧力釜の中に入れた。

「準備いい？」

ケルヴィンが私と妻の顔を見た。

われわれが頷くと、ケルヴィンは、おもむろにステレオのアンプと圧力釜のスイッチを入れた。

5

めでたし、めでたし。

異星人ピピは元の宇宙空間に帰ってゆき、惑星ゾアの存亡の危機も去った。

「それにしても、どうしてピピは私たちのような恰好ではなく、裸の猿みたいなけったいな恰好をしていたのかしら？」

妻の問いに、ケルヴィンが答えた。

「ピピの宇宙と僕らの宇宙とでは、物理定数に少しだけ差があるみたいだよ。ピピの宇宙ではもっと重力が強いんだ。だから、ピピの生まれ故郷の惑星は、僕らの宇宙の小惑星くらいしか大きさがなくて、彼らの太陽のワット数は、こちらの10万分の1程度しかないんだって」

そう、世の中にはたくさんの宇宙があり、それはみんなシャボン玉みたいになっていて、それぞれの宇宙では微妙に物理定数がちがっていても不思議ではない。それはケンブリッジ大学のマーチン・リーズ博士らが提唱しているマルチバース（＝多宇宙）の考えであり、

《われわれが、そういったことを考えていられるのは、たまたま、ここが人間のような知的生命が発達するような物理定数の宇宙だからだ》

という「人間原理」の考えともつながる。物理定数の異なる宇宙には、異なる天体だけでなく、異なる形態の知的生命体が生まれても不思議ではない。

さて、目下の最大の懸案は、ケルヴィンのベッドに転がしてある芥川とエバーレインをどう始末するかである。

芥川は縦線になった目でさきほどから私を睨みつけている。

私は背中を丸めて大きく欠伸《あくび》をすると、後ろ足で尖った耳の付け根を掻いてから、思案をまとめるために前脚に唾をつけて顔を洗うことにした——。

「そういえば、ピピは、初めて僕の顔を見たときに、自分たちの宇宙のある生物とそっくりだと思ったんだって」

ケルヴィンが思い出したように言った。

「ふーん、その生物はなんて名なんだい？」

私の質問に、ケルヴィンは答えた。

「ネコ」

むろん、そんな呼び名は、さほど重要ではない。だが、このとき、私の中には一つの妙案が浮かんでいた。たしか神殿には大型のスピーカーが設置されていたはずだ。あそこにはプールもある。あそこでブラックホールをつくって、芥川とエバーレインをそこから異星人ピピの宇宙へと送り込んでしまえば、彼らはそこでネコとして生活してゆくことになるのだ。そして、二人が異星人ピピとともに逃亡したのだということにすれば私も救われるではないか。

そうだ、それがいい。私は嬉しさのあまり、ゴロゴロと咽を鳴らしながら二人を眺めていた。（もちろん、向こうの宇宙で、彼らが巨大なネコになることはすっかり忘れていたが）

ショートショートに出てきた理論の該当ページ　コラム「赤ちゃん宇宙」（２０４ページ）

■ホーキング語録■　量子宇宙論について

数年前、私は極東のソ連のどこかにある量子海洋学研究所から発表前の論文草稿を送ってくれ、という依頼の手紙をもらった。私は考えた。こんな馬鹿げたことがあるだろうか。海洋学はきわめて大きな系をあつかうのだから、あきらかに古典的な［＝量子論以前の物理学で扱うことができる］はずだ。（中略）量子宇宙論は量子海洋学と比べてどうして馬鹿げていないといえるのだろう？　なにしろ、宇宙は海と比べて、もっと大きくて古典的な系なのだ。（「量子宇宙論」）

序章

ホーキングの「常識」

ホーキングの理論は難解であり、いくら説明を聞いても、本を読んでも、全然理解できない、と文句をいう人が多い。

だが、その難解さの底には、ホーキング独特の「癖のある」考え方、あるいは哲学のようなものが横たわっている。いわば「ホーキングの常識」みたいなものだ。それを無視して、いきなりホーキングの言葉を聞いても、その真意を理解することはかなわない。

ここでは、ホーキングの人生から始めて、とりあえず、ホーキングにとっての「あたりまえ」がどのようなものなのか、その世界観に近づくことにしたい。

ダブリン会議での懺悔《ざんげ》

2004年7月16日付の読売新聞の夕刊に「ホーキング博士　ブラックホール理論　自説の誤り認める」という記事が載った。7月21日にアイルランドで開かれた重力理論の国際会議で、スティーヴン・ホーキングが特別スピーチをやるというのである。

通常、物理学の理論に関する問題を普通の新聞が大きく取り上げることは稀だし、ましてや、まだ発表されていない段階で報道するのも異例の取り扱いといえるだろう。ホーキングが報道機関向けに配ったプレスリリースには、次のようなことが書かれていた。

「彼（ホーキング）の新しい計算では、ブラックホールの表面としての事象の地平線が、量子的なゆらぎを含む、ということが示される。これはハイゼンベルクの不確定性原理によって有名になった、位置の不確定性と同じであり、量子力学の基本的な性質だ。このゆらぎがブラックホール内の全情報を徐々に洩れ出させ、矛盾のない全体像がえられる。情報パラドックスは今や解かれた」(http://www.hawking.org.uk/info/index.html)

僕は、会議後、早速ホーキングのスピーチを手に入れて全文を読んでみた。もともと総単語数2000ちょっとの短いスピーチだが、このスピーチは、現時点でのホーキングの科学思想のひとつの到達点とみなすことができる。

詳しい内容については、本文に譲ることにするが、一言だけ補足しておこう。ここに出てきた「情報」とはいったいどういう意味だろう？　ブラックホールはコンピューターなのか？　物理学における情報とは何だろうか？

ブラックホールと情報が問題になるのは、通常の物質がもっている情報とブラックホールがもっている情報が格段にちがうように見えるからだ。通常の物質には、実に多くの情報が含まれている。たとえば宇宙船は多種多様な分子からできているだろうし、色や堅さといった物理的属性ももっている。ところが、ブラックホールは3つしか情報をもっていないように見える。ブラックホールは没個性的な存在であり、質量、電荷、回転の速さの3つの属性しかもっていないからだ。

だとしたら、宇宙船がブラックホールに落ちるとき、宇宙船がもっていた厖大《ぼうだい》な情報はどうなるのだろうか？　ブラックホールの中で存在し続けるのか？　それとも永遠に失われてしまうのか？

ダブリン会議におけるホーキングの講演は、こういった問題を扱っていたのである。

実は、この講演に先立つこと7年、ホーキングは公開の賭けを行っていた。

ジョン・プレスキルというカリフォルニア工科大学の量子物理学者が、

「ブラックホールに落ちた情報は永遠に消えない」

と主張し、
「いいや、ブラックホールに落ちた情報は消えてしまう」
と主張するホーキングとキップ・ソーンの2名の相対論学者たちと「百科事典」を賭けて争ったのである。(賭けの報酬が百科事典というのは変だが、もちろん、そこから情報が取り出せる、というユーモアなのである)

いったい、なぜ、量子論寄りの学者と相対論寄りの学者が、正反対の立場をとるのか？

謎は深まるが、ダブリン会議のホーキングのスピーチは、どこか象徴的な響きを感じさせる。大袈裟かもしれないが、「車イスのニュートン」と呼ばれ、実際にニュートンが在職していたルーカス職の数学教授という地位を継いで、名実ともに宇宙論の学界を引っ張り続けてきた男の「敗北宣言」である。

いったい天才物理学者の身に何が起きたのか？

それは、物理学にとって、どのような意味をもつのか？

本書では、不可解とも思われる突然の敗北宣言をキーワードに、ホーキングの「科学思想」の鬱蒼《うっそう》と生い茂る森へと分け入ることとしよう。

ホーキングって誰？

世界で最も有名な科学者の一人であるホーキングだが、いまさらながら、その人生を振り返ってみたい。考えてみると、ホーキングの名前は聞いたことがあっても、彼がどこで生まれて、どのような人生を歩んできたのか、意外と知らない人も多いのではあるまいか。

天才物理学者の人となりを見ることにしよう。

いきなりだが年表である。

１９４２年　イギリス　オックスフォードに生まれる
１９５９年　オックスフォード大学入学
１９６２年　ケンブリッジ大学博士課程へ
１９６３年　ＡＬＳ（筋萎縮性側索硬化症）の宣告を受ける
１９６５年　博士号を授与される。ケンブリッジ大学キーズ・カレッジ特別研究員の資格を得る。ジェーン・ワイルドと結婚
１９６８年　ケンブリッジ郊外の理論天文学研究所に研究員として招聘《しょうへい》される
１９７０年　ロジャー・ペンローズと共同で特異点定理を証明
１９７３年　ホーキング対ジェイコブ・ベケンスタイン論争。ジョージ・エリスとの共著『時空

の大局的構造』出版
1974年　重力研究財団主宰のコンクールにて論文「ブラックホールは黒くない」発表。王立協会会員に選ばれる
1978年　アルベルト・アインシュタイン賞受賞
1979年　ワーナー・イズレイアルとの共著『一般相対性理論——アインシュタイン生誕100年記念論集』出版。ケンブリッジ大学ルーカス記念講座教授就任
1981年　ヴァチカンにおける教皇庁科学アカデミー主催の宇宙論会議に出席。『超空間と超重力』出版
1988年　『ホーキング、宇宙を語る』出版　世界的ベストセラーに
1990年　妻ジェーンと離婚
(出典：『スティーヴン・ホーキング』M・ホワイト&J・グリビン著　ハヤカワ文庫を参考に作成)

スティーヴン・ウィリアム・ホーキングは、1942年の1月8日にイギリスのオックスフォードシャーに生まれた。この日は奇しくもガリレオが死んでちょうど300年にあたる。当時は第二次世界大戦のまっただ中で、ホーキングの両親は、ロンドン北部からオックスフォードに疎開していたらしい。

８歳のとき、ホーキング一家はロンドンの北にあるセント・アルバンズに引っ越し、その地の学校に通う。

その後、オックスフォード大学のユニバーシティ・カレッジに進学。父親と同じカレッジに進んだのである。父親はホーキングを医学の道に進ませたかったようで、本人は数学を専攻したかったらしいが、ユニバーシティ・カレッジには数学専攻はなかったので、仕方なく（？）物理学を専攻し、１９６２年に「自然科学」で学士号をとる。

欧米では日本とちがって学生に厳密な序列をつけることが多い。出来のいい優等生は「優等生クラス」に分類され、一般の学生とちがって、大学院レベルの授業をとったり、奨学金をもらったりする。

ホーキングは、当然のことながら出来がよかったので、卒業時には「第一級優等生学位」（first class honours degree）をもらった。

学業は、その後も順調に続き、１９６５年にケンブリッジ大学から宇宙論の研究で博士号をもらう。お師匠さんはデニス・サイアマという宇宙論の専門家だったが、ホーキング本人は、（定常宇宙論で有名な）フレッド・ホイルにつきたかったらしい。

そのまま、ケンブリッジ大学のゴンヴィル・アンド・キーズ・カレッジ（略して「キーズ」）で研究フェローとして残り、アインシュタインの重力理論と量子論の研究を続け、１９７４年には、史上最年少の王立協会のフェローに選出される。１９７７年にはケンブリッジ大学の重力物理学講座の教授に就任。1979年には、かつてニュートンが在籍したルーカス職数学教授に就任。

ルーカス職というのは、1663年に、ケンブリッジ大学の評議会のメンバーだったヘンリー・ルーカスというお坊さんが私財をはたいて大学に寄付した講座である。欧米では、そういった名前のついた「ナントカ職教授」になるのは、きわめて名誉なこととされているが、そのなかでも、ルーカス職は、ニュートンが占めていた椅子であり、学者にとっては垂涎《すいぜん》の的といえよう。37歳という若さでルーカス職教授に任命されたことからも、ホーキングの業績がどれくらい高い評価を受けているかがわかる。

しかし、学歴と職歴だけみれば、華やかで順風満帆にみえるホーキングの人生は、60年代に罹患した筋萎縮性側索硬化症（ALS：amyotrophic lateral sclerosis）により、不治の病との戦い、というまったく別の側面をもつこととなる。

不治の病に罹《かか》っていることを知った直後、ホーキングは、ジェーン・ワイルドという女性と恋に落ちる。ジェーンは、当時、まだロンドンのウェストフィールド・カレッジの学生だったが、ふたりは結婚して、やがて3人の子宝に恵まれることとなる。

ホーキングの人生は、波乱万丈で、予期せぬ出来事にあふれている。

難病と診断され、余命幾ばくもない、と思われ、人生に絶望したかと思えば、そこに救世主のごとく最愛の女性があらわれる。また、『ホーキング、宇宙を語る』がベストセラーとなって、一躍世界的な有名人となり、巨万の富を手にする。だが、そのために生活が一変したせいか、家族関係はぎくしゃくし始め、やがて、25年も苦難をともにしてきたジェーンと離婚し、自分の看病をしてくれていた看護師のエレインという人物と再婚し、世間を驚かせる。その後、散発的にエレインがホーキングを虐待している、という報道がなされ、警察も捜査に乗り出すなど、物騒な話題に事欠かない。

科学における偉大な業績と不治の病との戦い、そして、マスコミの寵児《ちょうじ》と億万長者としての顔、さらには、同僚の科学者に対する舌鋒鋭い批判や、家族間に繰り広げられる骨肉の争い……。

スティーヴン・ホーキングは、栄光と影に彩られた天才だといえよう。

コラム　ALS

ホーキングが二十歳《はたち》の頃に罹《かか》ったALSとはいったいどのような病気なのだろう？　日本ALS協会公式ホームページではALSを次のように説明している。

「ALSは、英語名（Amyotrophic Lateral Sclerosis）の頭文字をとった略称で、日本語名は『筋萎縮性側索硬化症』といい、運動神経が障害されて筋肉が萎縮していく進行性の神経難病です。アメリカでは、メジャーリーグのニューヨークヤンキースで鉄人と言われた名選手のルー・ゲーリックが罹患したことからルー・ゲーリック病とも呼ばれています。また、イギリスの有名な宇宙物理学者ホーキング博士も30年来の患者です。国により難病認定されているこの疾病は病気が進むにしたがって、手や足をはじめ体の自由がきかなくなり、話すことも食べることも、呼吸することさえも困難になってきますが、感覚、自律神経と頭脳はほとんど障害されることがありません。進行には個人差がありますが、発病して3〜5年で寝たきりになり、呼吸不全に至る場合には人工呼吸器を装着しなければ生き抜くことができなくなります。

10万人に2〜6人の発症割合の稀少難病で、残念ながら現在のところ原因も治療法もわかっていません。一般に40〜60歳で発病し、患者は全国で6774人（平成16年3月末厚生労働省調べ）程と言われています」（http://www.jade.dti.ne.jp/~jalsa/）

われわれはややもすると原因不明の難病の存在を忘れがちだが、これだけ科学が進歩しても依然として原因は究明されておらず、ビタミンを飲んだりして凌ぐしかないのだという。（ホーキングは長年、父親が処方したビタミンを服用していた）

ホーキングは発症当初、余命が数年だといわれ、本人もそれを信じていた。だが、ホーキングの場合は、呼吸器系は無事だったようで、半世紀近くたった今でも存命で精力的に物理学の研究を続けている。

それにしても、正直いって、私だったら、ＡＬＳと診断された時点で人生に希望を失ってしまうような気がする。いったい、なぜ、ホーキングは前へ前へと進みつづけるのであろうか？

これについてはホーキング自身が、病院で目撃した子供のことを書き綴っている。「入院中、僕の真向かいのベッドで、見知らぬ少年が白血病で死ぬのを見た。それは気分が滅入る光景だった。あきらかに僕よりも酷い境遇の人がいる。僕の症状は、少なくとも、吐き気などを催すことはない。僕は自分を憐れに思いそうになるたびに、あの少年のことを思い出す」（「僕のALS体験」、http://www.hawking.org.uk/disable/dindex.html、竹内訳）

常人には真似のできない精神であろう。

ホーキングはアインシュタインとファインマンを足して2で割ったような人？

ホーキングの学問的なバックボーンを振り返ってみることにしよう。

ホーキングの科学業績は、その研究対象からすると、大きく「ブラックホール」と「宇宙論」に分けることができる。本書では、第1章ではこの2つの領域の古典論をあつかい、第2章では量子ブラックホールを考え、第3章では量子宇宙論を中心にホーキングの業績をご紹介する。

学問領域からすると、ホーキングの成果は「相対論」と「量子論」に分けることができる。これは科学者の名前を挙げるのであれば、アインシュタインの相対性理論とファインマン流の経路和をつかった量子論ということができる。だから、科学者どうしの学問的な人物相関図という意味では、こんな標語にまとめることができるだろう。

$$\text{ホーキング}=\frac{\text{アインシュタイン}+\text{ファインマン}}{2}$$

このうち、初期の研究はアインシュタインの理論の枠組みでおこなわれたものであり、その後の発展はファインマンの理論を全面的に活用したものになっている。

時空図事始め

ホーキングの物理学の中心には、常に時間と空間の概念が存在する。アインシュタイン以降の物理学では、3つの拡がりをもつ空間と（過去〜未来という）一直線の拡がりしかもたない時間をあわせて「時空」と呼ぶことが多い。

これは、単に時間と空間を一緒にした略語ではなく、その背後には、「そもそも時間と空間という概念は独立したものではなく、物理的に混じることがある」という相対性理論独特の考え方が存在する。

ホーキングの物理学を理解するには、だから、まず、相対性理論の「時空」という概念をマスターする必要がある。

とはいえ、ゼロから相対性理論を学んでいたのでは、いつまでたっても肝心のホーキングの理論に到達しないので、本書では、相対性理論で中心的な役割を果たす「時空図」というグラフの読み方と使い方を伝授することにしたい。

その上で、ホーキングの理論を学びながら、適宜、必要となる相対性理論の知識を補うこととしたい。

さて、「時空図」とはなんぞや。

これは、もともとアインシュタインの数学の先生であったヘルマン・ミンコフスキーという人が考え出したもの。アインシュタインが相対性理論を発表した当時、数式だけだと意味がわからない、という人が多かったので、もっとビジュアル的に相対性理論が理解できるように、という願いをこめて考案されたのである。

時空図は、縦軸が時間 t、横軸が空間 x になっている点を除けば、通常のグラフと同じだ。つまり、時間と空間の「地図」なのである。ふつうの地図は空間図であるのに対して時空図は「時間」方向を考慮する点が異なる。

こういうのは具体例を見るのがいちばんなので、空間図と時空図を何枚か見比べてみよう（図1）。

静かな池に小石を投げると時間とともに波紋が拡がってゆく。これを真上からパシャパシャと連続撮影してみる。一枚一枚の写真は、ある時間の池の様子をあらわした空間図だ。時間ゼロ

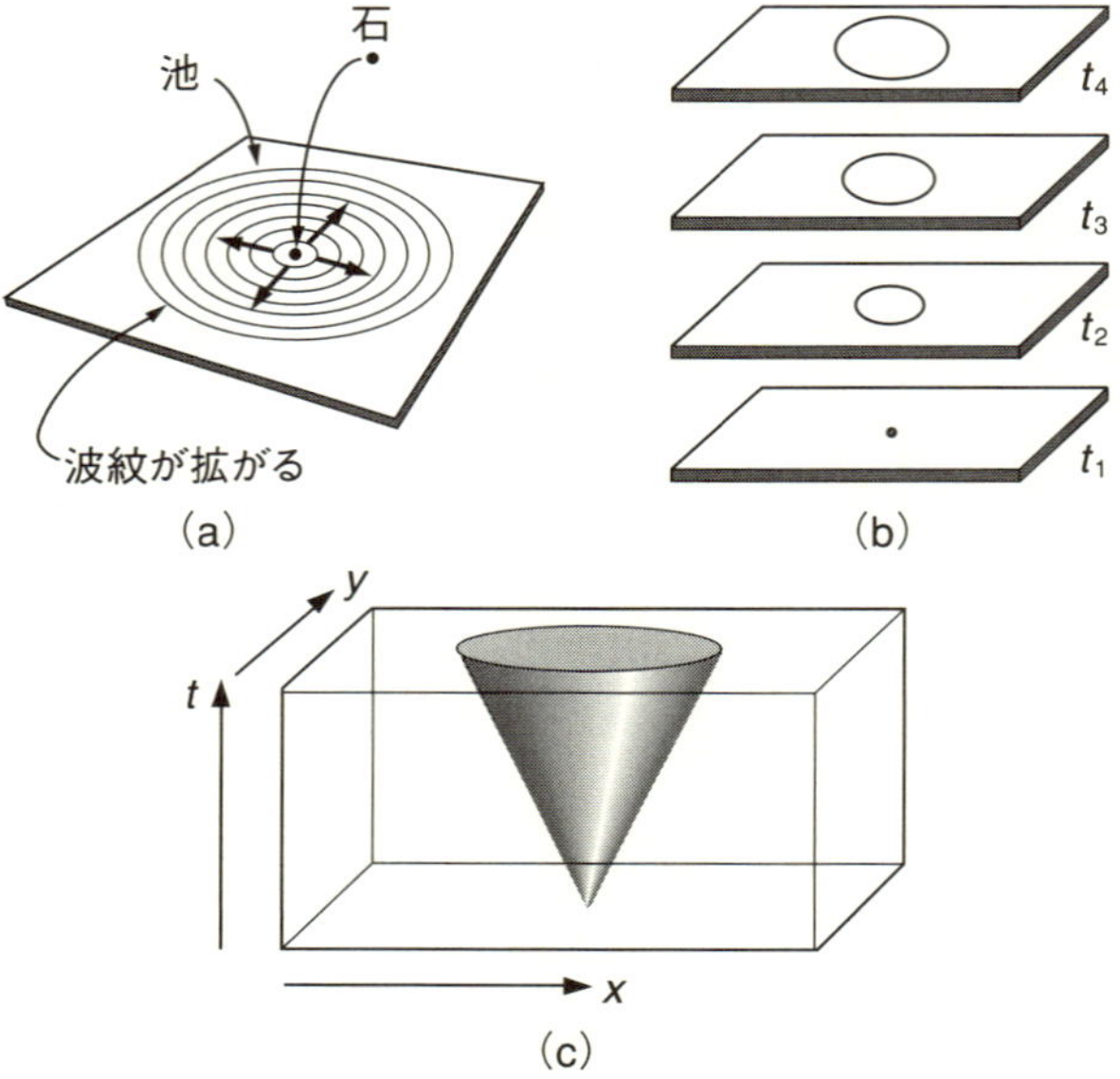

（a）池に石を投げ込むと時間とともに波紋が拡がる様子（空間図）（b）時間ごとの空間の様子を過去（t_1）から未来（t_4）の順に重ねてみる（準時空図）（c）重ねる時間間隔をゼロにした「連続撮影」の様子（時空図）
『Flat and Curved Space-times』George F. R. Ellis and Ruth M. Williams（Oxford）の図を参考に改変

図１　池の波紋

（t_0）で小石が投げ入れられたとすると、その写真には小さな小石が水に入るところが映っていることになる。時間１（t_1）では小さな波紋の円が見られる。時間がたつにつれて、波紋の円は大きくなる。

　次に、たくさんの写真（＝空間図）を時間順に重ねてみる。すると、時間がたつにつれて波紋の円が拡がる様子が、

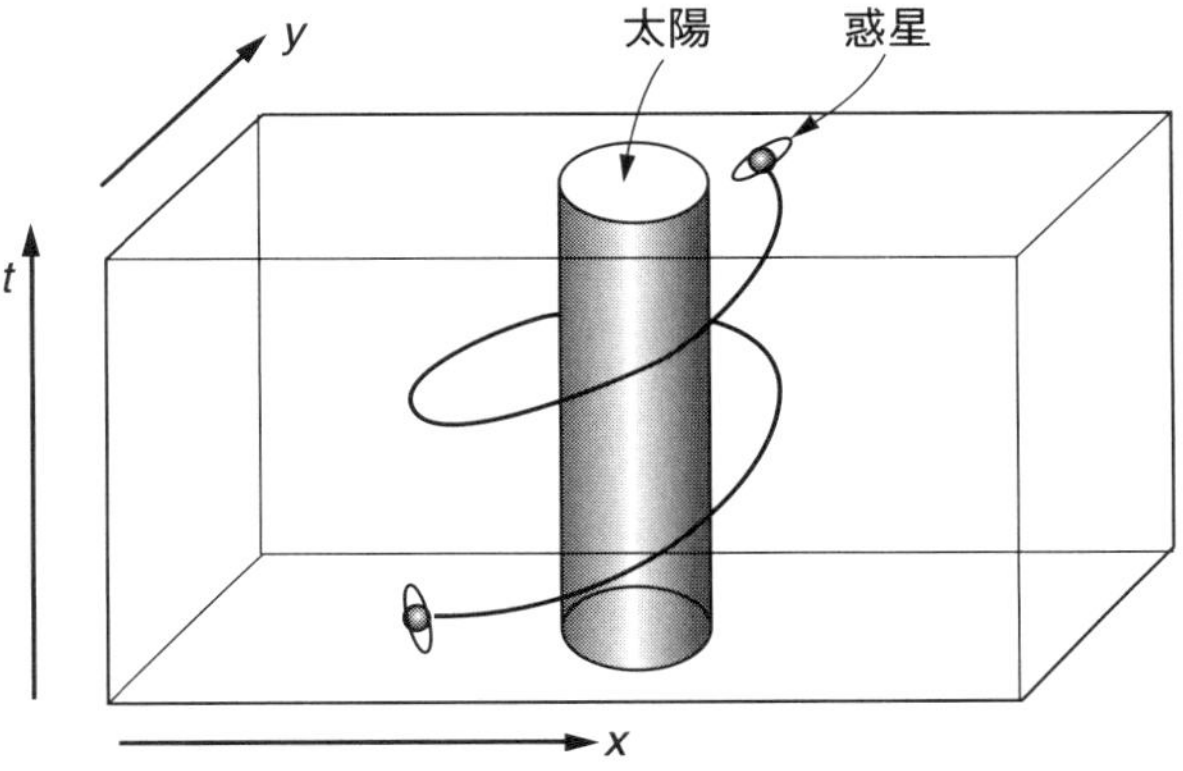

『Flat and Curved Space-times』（前掲書）の図を参考に改変

図２　太陽を巡る地球

時間も含めた全体像として理解できる。写真を時間順に見るのは映画を見るのと同じだ。だから、時空図というのは、まあ、映画みたいなものだともいえる。ただし、時間ごとに見てゆくのではなく、始まりから終わりまで、時間の全体を鳥瞰図《ちょうかんず》的に見るのである。時空の全体像を眺めるのである。

時空図では、空間の方向を省略することが多い。池の波紋は２次元的に拡がる。いいかえると「２方向」に拡がる。だが、その拡がり方は円なので、y方向は無視してx方向だけ残しても、物理的な情報は失われない。たいていの場合、時間軸tと空間軸xだけのグラフがあれば充分なのである。この省略形の時空図では、池の波紋は、原点からxのプラスとマイナスの両方向に伸びる直線として表すことができる。

太陽のまわりの地球の軌道を真上から写真で

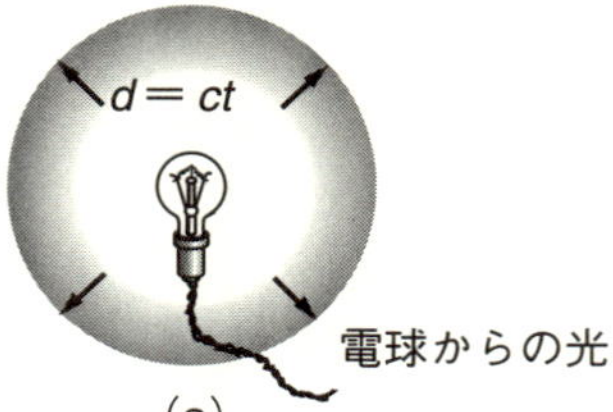

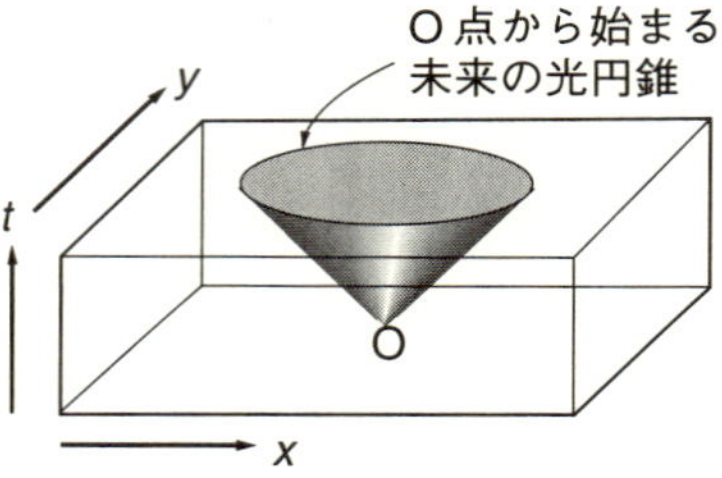

(a) 周囲に拡がる光の「波紋」(空間図) (b) 同じ波紋は（z方向を省略した）光円錐としてあらわされる (時空図)
『Flat and Curved Space-times』(前掲書) の図を参考に改変

図3　電球からでる光

撮ってみよう。池の波紋と同じように時間とともに地球の位置が変化するのがわかる。だが、池の波紋とちがって、地球は（遠くから見ると）点なので、その点の位置が刻々と移動することになる。

次に、時間順に撮影した写真を重ねてみると、カメラに対して止まっている太陽は垂直な棒になり、地球はその棒のまわりのらせんになることがわかる（図2）。これが地球軌道をあらわした時空図である。

池の波紋も地球の軌道も

2次元平面内の運動だった。だから、2つの次元を表すx軸とy軸があれば事足りた。

電球の光は2次元平面ではなく3次元空間いっぱいに拡がる。それは、フィラメントの「点」から始まって秒速30万キロメートルの速度で球状に拡がってゆく。

そこで、電球から放出される光の動きを表す時空図を描こうと思うと、2つの障害に遭遇する(図3)。

第1の障害は、3次元に拡がる光の「波紋」をカメラで撮影できたとして、その写真を重ねてもきれいなグラフにならないこと。なぜならば、人間は、3次元の拡がりをもつ物体を描いたり思い浮かべたりグラフにすることはできるが、もう1つ次元が増えるとお手上げだからだ。光の波紋を表すにはx軸、y軸、z軸の3つの軸が必要になる。それにさらに時間軸tを加えていたら、全部で軸の数は4つになるが、4つの直交する軸を(直観的にわかる)グラフにする方法はない。

この第1の障害は、物理学では、意外と安易な方法で乗り越えられる。今の場合、電球から発せられた光は、どの方向にも同じように進んでゆく。だから、z軸方向の動きを無視しても問題はないのだ。本当は、光の時空図は、時間tと空間x、y、zという計4本の直交する軸を必要とするが、この問題にかぎっては、時間tと空間x、yの計3本の直交軸でグラフを描いてもかまわないのである。

さらにいえば、池の波紋のときと同様、y方向も無視して差し支えない。どの方向にも同じ光速で波紋が拡がるのだから、x方向だけを残せば物理学の記述としては完全なのだ。

だが、電球の光には第2の障害がある。それは、秒速30万キロメートルという速度が、あまりにも速いために、グラフに描こうとすると、あっという間にグラフの外に出てしまうことだ。カメラで連写するとして、仮に1枚目の写真で波紋がまさに拡がり始めた瞬間をとらえたとしても、2枚目の写真では波紋の先端は「画面」のはるか彼方に行ってしまっている。

この問題の解決法は、グラフのx軸の1目盛りを（たとえば1メートルではなく）30万キロメートルにしてしまうことだ。近くで撮影していては、光はあっという間にどこかへ行ってしまうので、宇宙の彼方から天体望遠鏡で覗いているような感じだ。

そこで、本書では、特に断りがない限り、時間tの目盛りは「秒」で、空間xの目盛りは「光秒」を採用する。

光秒というのは聞きなれない言葉かもしれないが、天文学やSFでは「光年」という単位にお目にかかることが多い。1光年は、光が1年で進む距離のことである。光は1秒間に30万キロメートル進むので、

1光秒＝30万km

であるし、（1年が60×60×24×365秒なので）

1光年＝約10兆km

ということになる。

幾何学単位系とは？

このような目盛りの打ち方は、光速 c を1とおく、特殊な単位系とみなすことができる。なぜなら、

$$c = 30\text{万km/秒} = 1$$

というのは、「1光秒＝30万km」にほかならないから。

話が先走って申し訳ないが、ホーキングの理論を説明するときには、このほかに、ニュートンの重力定数 G と量子論にでてくるプランク定数 h も1とおいてしまう単位系を用いることが多い。

本書には数式はあまり出てこないが、ホーキングの論文は数式だらけであり、そこには、いたるところに c や G や h が登場する。いちいち書いているのは面倒なので、そういった基本定数は「1」とおいてしまうのである。

まあ、人間世界でも、長さはキロメートルが基準かと思いきや、アメリカやイギリスに行けば、いまだに高速道路の標識には「マイル」が使われているし、もともと単位系というものは人間が勝手に採用するものなので、矛盾が生じないかぎり、どんなものを使ってもいいのだ。

光速 c と重力定数 G とプランク定数 h をすべて1とおいてしまう単位系を「幾何学単位系」と呼ぶことがある。そのココロは「物理学から単位が消えて、すべては純粋な幾何学の世界になる」。

アインシュタインは物理学を幾何学としてとらえたが、その精神からすれば、あらゆる物理量から単位をなくして、純粋な数字としてあつかうほうが自然なのかもしれない。

ふたたび時空図

時空図の話に戻ろう。

時空図の意味は、

「いつ、どこで事件が起きたか」

ということだ。どんな事件が起きるかは、個々のケースによる。

たとえば、$t=3$, $x=2$ という座標で殺人事件が起きたのであれば、それは時空図上の点で表すことができる。(図4(a) 殺人事件の時空図)

その犯人が「転々」と居場所を変えて移動するのであれば、その時空図は、こんな具合だ。(図

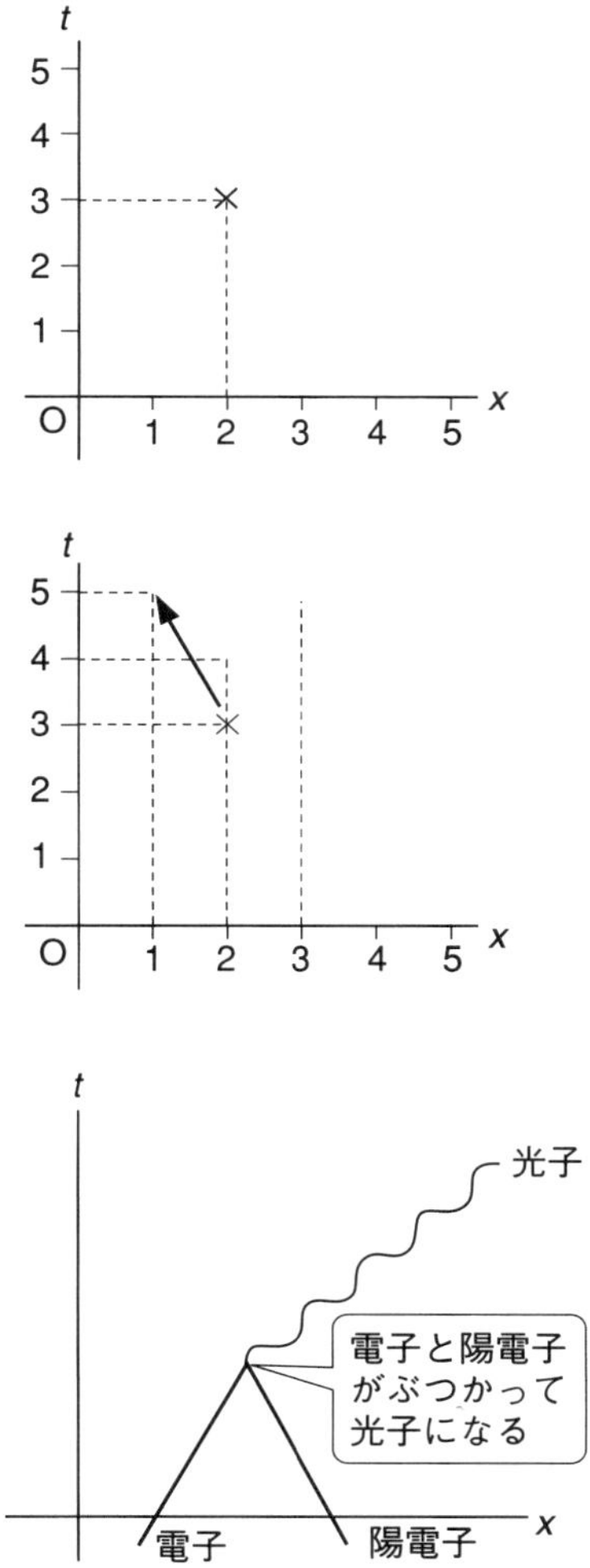

(a) 殺人事件の時空図

(b) 犯人が動いている時空図

(c) 電子と陽電子が衝突して光子になる図

図4

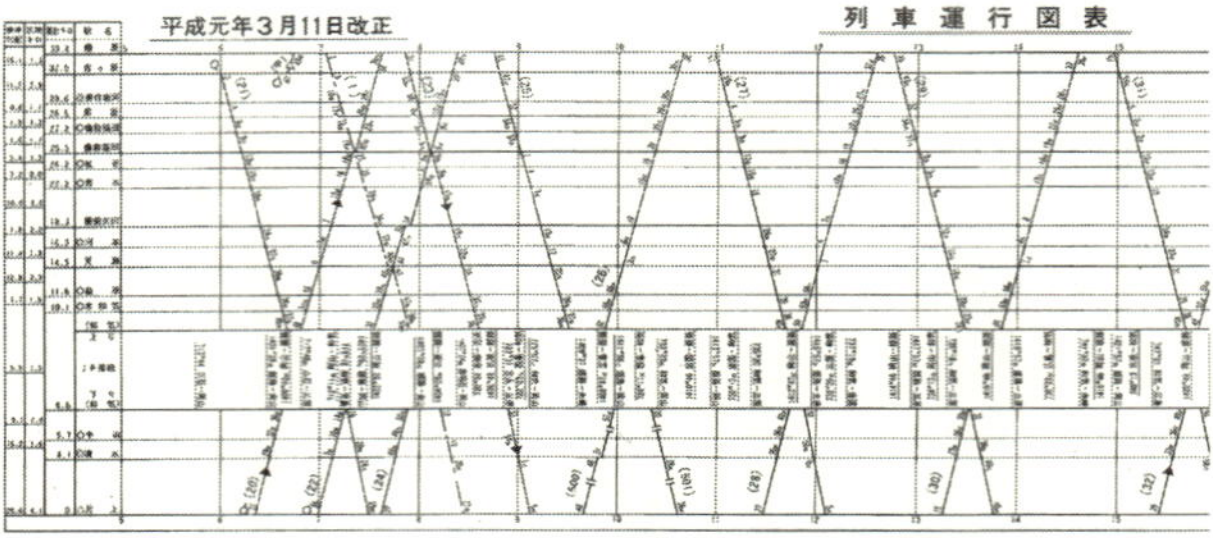

www.asahi-net.or.jp/~vw7m-nkmt/dia.html より

図5　列車のダイヤグラム

4(b)　犯人が動いている時空図）

あるいは、電子と陽電子がぶつかって消滅して、一時的に光子が生成されるのであれば、時空図は、こんな具合になる。

（図4(c)　電子と陽電子が衝突して光子になる図）

ちなみに、あとでブラックホールのところでもでてくるが、物理学では事件のことを「事象」（event）という。

あるいは、こんなのも時空図である。

これは鉄道ファンには馴染みの深い列車のダイヤグラムだ（図5）。よく「ダイヤが乱れる」などというが、それは、あらかじめ予定された位置と時間に電車がいないことを意味する。ちなみに時空図の「図」は英語では「ダイヤグラム」（diagram）という。列車の時空図では、縦軸が駅名と距離になっていて、横軸が時間なので、本書で用いる時空図とは縦横が逆だが、時空図であることに変わりはない。

鉄道のダイヤグラムからは、列車の「速度」を読み取ることが可能だ。たとえば図のようなダイヤグラムの左下の片上駅から和気駅の間の速度は、（6時36分から21分を引いた）

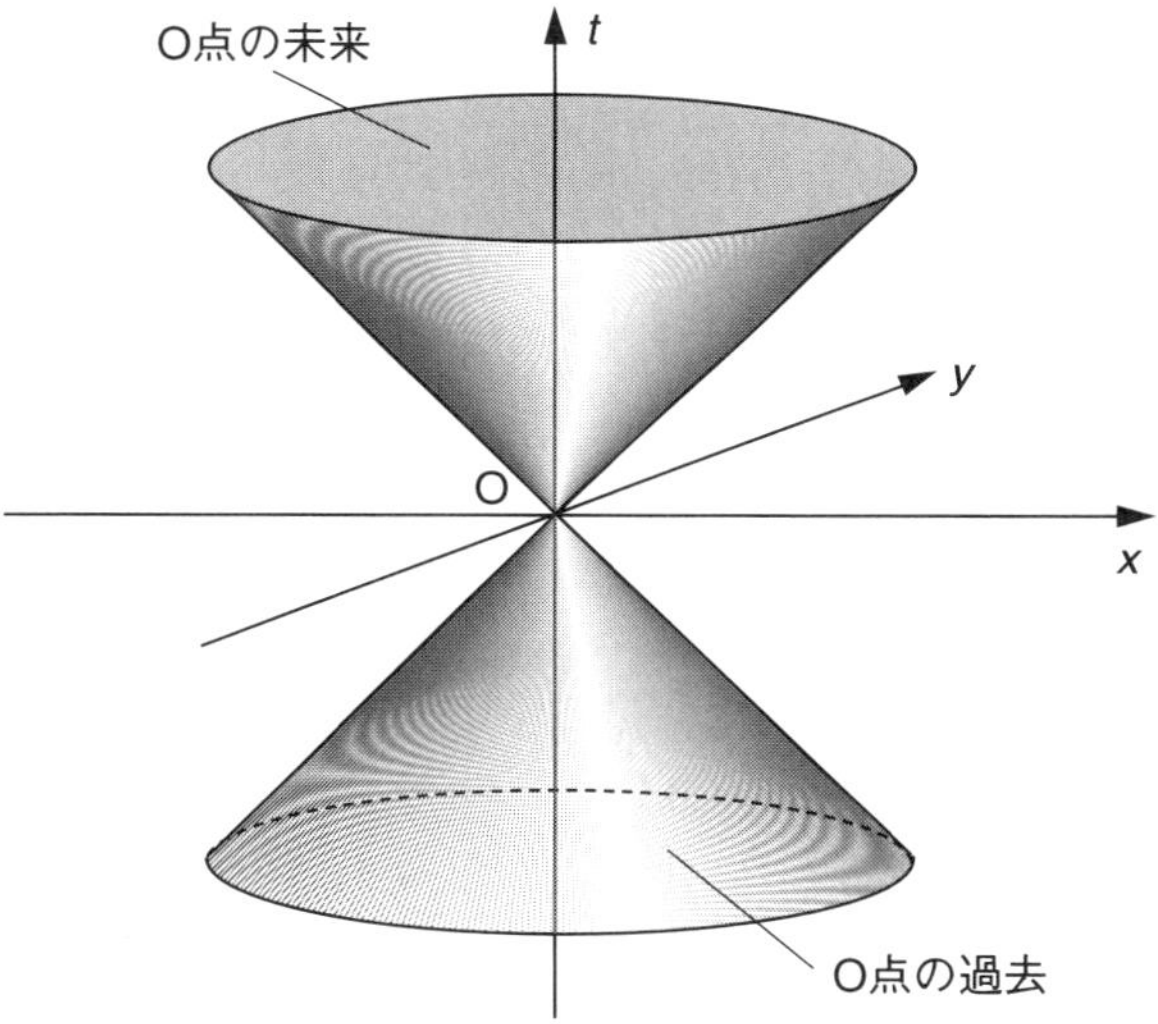

過去のいろいろな場所から集まってくる光は逆さまの光円錐なので、過去から未来への光の経路をあらわすと「砂時計」型になる

図6　光速の時空図

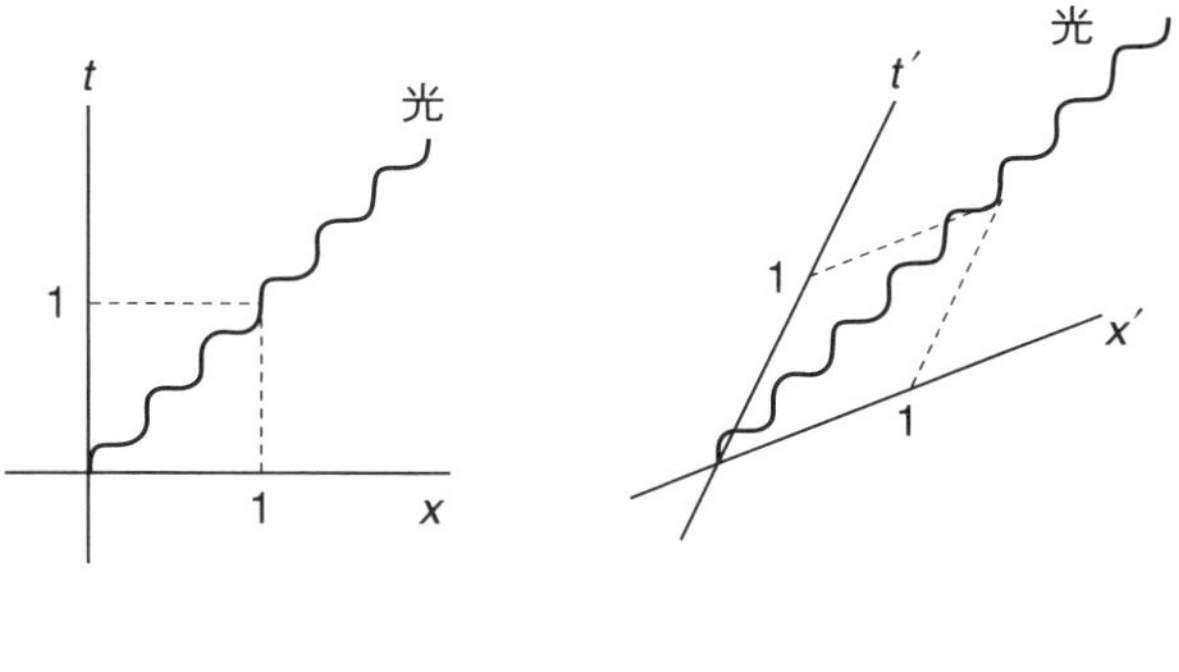

図7　ひしゃげた時空図（右）

15分で8・6キロメートルを走るので平均時速が34・4キロメートルということになる。

もっと物理学的な速度はどうなるだろう？

いちばん大事なのは光速 c だ。本書の時空図は、縦軸が「光秒」で横軸が「秒」なので、光速 c は「1」である。それは、時空図上で傾きが「1」の直線としてあらわされる。これはすでに出てきた。空間方向が2つだと円錐の格好をしているので「光円錐《こうえんすい》」(light-cone) と呼ぶ（図6光速の時空図）。

ホーキングの理論の説明では、さまざまな時空図が登場する。時空図自体を引き伸ばしたり、ひしゃげさせたり、なんでもアリなのである。だが、傾きが1の直線は、不変に保たれていることが多い。これは、ほとんどの物理学の文献に共通する約束事になっている。だから、時空図の森で目が回ってしまったとき、頼りになる道しるべは、

「光速は45度の直線であらわされる」

ということなのである。とても大切なことなので、肝に銘じてほしい。（ただし、後で出てくるブラックホールの時空図では、光速が45度でなくなる）

ということで、早速だが時空図をひしゃげさせてみよう（図7　ひしゃげた時空図）。

これは、さきほどの殺人事件の時空図だが、軸が直角に交わらずに斜めになっている。これでもまったく問題ない。ただ、グラフを読むときには、点から上下ではなく、菱形の辺に沿って線を降ろして、座標をみつける必要がある。

コラム

国際物理年のロゴマーク

２００５年は国際物理年だった。１９０５年にアインシュタインが相対性理論を発見してから１００年であり、また、アインシュタイン没後50年という節目の年だったのだ。

私は長年のアインシュタイン・ファンであり、あちこちのカルチャーセンターや物理関係の学会などでアインシュタインに関する講演もやってきたが、２００５年は、かなりショックな年だった。学会はともかく、一般の科学ファンが集まるカルチャーセンターの講義で、こんな質問をしてみたのだ。

「みなさん、今年は相対性理論誕生１００周年ということで国連が国際物理年と宣言しましたが、そのロゴマークをご存知ですか？　一度でも見た憶えがある、という方は手をあげてみてください」

会場はシーンと静まり返り、おずおずと1名だけ手があがった。

科学好きの聴衆が集まっていたにもかかわらず、ロゴマークの認知度は、１パーセントでしかなかったのだ。これ

図８　国際物理年（2005年）のロゴマーク

には正直いって私も驚いた。

これが問題のロゴマークである。（図8）

上半分は1点から発せられた光をあらわしている。光円錐である。

下半分は1点に集まってくる光をあらわしている。はるか彼方の星たちから「今、ココ」に飛んでくる光の動きなのである。

あとで出てくるが、相対性理論は「光」を基準に世界をとらえる理論なので、国際物理年のロゴマークが光の時空図、すなわち光円錐であることは、アインシュタインと相対性理論へのオマージュととらえることができる。

チェス盤で時空図をイメージしてみる

時空図はホーキングの物理学を理解するための要《かなめ》なので、もうちょっと比喩的に「意味」を説明してみよう。

ホーキングが自分の物理学の2本柱の1つに据えているリチャード・ファインマンは、物理学という営みについて、こんなふうに述べている。

「複雑な森羅万象が〃世界〃をなしている有様は、いわば、神々がチェスの大手合せをしているのに似ていて、我々はその見物人なのだと考えることができる」（『ファインマン物理学Ｉ』）

時空図は、まさに「世界」をチェス盤の上に投影したものとみなすことができる。ファインマンは、引き続き、こんな情況を引き合いに出す。

「ビショップは将棋盤の上で対角線の方向にだけしか動けないというのが規則である。したがって、一つのビショップに着目すれば、何手動かしても、いつも赤なら赤の目にいるということになる。（中略）もちろん、しばらくやっていると、このビショップが突如として黒い目にいるのを発見することがある。（これは、ビショップが敵にとられたときに、歩がなりこんで王手をかけ、黒の目の上のビショップになったのであることはいうまでもない）」（『ファインマン物理学Ｉ』）

将棋の駒が物理学にでてくる素粒子にあたる。いろいろな駒があり、いろいろな素粒子がある。盤上の駒の動きに一定の規則があるのと同様、素粒子の時空図上の動きにも規則がある。ビショップが対角線上しか動けないのと同様、光も対角線上しか動けない。

西洋のチェスだけでなく、日本の将棋でも「成り金」というのがあるが、時空図上の素粒子も種類が変化することがある。それは相対性理論だけではなく量子論を考慮してはじめてでてくる規則だ。

いずれにせよ、「時空図」というのは、物理学者の頭の中では、素粒子や素粒子が集まってできた原子や分子やもっと大きな物体が、どのような動きをするかを記述する「盤」にほかならないのであり、その盤上のプレーの背後には、相対性理論や量子論という名のルールブックが存在するのである。

ホーキングは相対論を根城にしている

すでに少しでてきたが、ホーキングの宇宙の深みに分け入る前に、もう一度、彼の理論のパターンを整理しておくことにしよう。

まず、ホーキングの拠《よ》って立つところであるが、これは明らかにアインシュタインの一般相対性理論、いいかえると重力理論である。ホーキングは「車イスのニュートン」と呼ばれるが、その理論的な立場は、あきらかに「車イスのアインシュタイン」というべきだろう。

ホーキングの研究論文は、一貫して、アインシュタインの正統な後継者を思わせるものであり、アインシュタインの理論を緻密《ちみつ》にして、ブラックホールや宇宙といった対象にあてはめたのだと考えることができる。

だが、そこから発展して、ホーキングの研究の大きな特色となっているのが、一般相対性理論に量子効果を加味した考察だ。ホーキングは、あくまでもアインシュタインの相対性理論を軸にしつつ、それに量子論による「補正」を加えるのである。（ホーキングは、特にアメリカの物理学者リチャード・ファインマンが考案した「経路和」と呼ばれる量子論を研究に用いる。詳しくは第2章をご覧ください）

といっても、情況がわかりづらいかもしれない。

こういうことである。

少し古い世代の理論物理学者は大別すると相対論派と量子論派に分けることができた。（ここでいう相対論派とは「一般」相対論派という意味である。特殊と一般のちがいについてはコラムをご覧ください）

現代物理学の大きな懸案は、アインシュタインの重力理論と量子力学を統一して「量子重力理論」を構築することである。その際、２つの戦略が考えられる。

戦略１　アインシュタインの重力理論から出発して、それを量子化する

戦略２　量子力学から出発して、それに重力を組み入れる

つまり、物理学者は、宇宙を記述する基本的な考え方として、相対論をとるか量子論をとるか、という決断を迫られるのである。

現在の超ひも理論の研究者のほとんどは、戦略2をとっている。ただし、大きさのない「点」ではなく、大きさのある「ひも」から始めて、それを量子化するのであるが。

ホーキングは、明らかに戦略1の陣営に属する。本書では、ホーキングのさまざまな量子論的考察をご紹介することになるが、それは、ことごとく、アインシュタインの相対論の計算から出発して、そこに微修正として量子論の効果を取り入れるパターンなのだ。

そして、その思考パターンのゆえに、冒頭でご紹介したようなブラックホールの情報パラドッ

クスの問題（対立）が生じたのである。

なお、第1章と第2章の冒頭で、アインシュタインの重力理論とファインマンの量子論の復習をするつもりなので、「そもそもアインシュタインの理論も量子論もわからないんだよ」という方もご心配なく。

コラム

特殊相対性理論は「逆転」の発想だ

本書に登場する相対性理論は、ほとんどが一般相対性理論である。一般相対性理論は重力理論なので、本書では、相対性理論と重力理論という言葉を同じ意味に用いる。

アインシュタインが考えた相対性理論には2種類ある。一般相対性理論については次章の冒頭で概要をご紹介する。ここでは、特殊相対性理論の考え方をまとめてみよう。

特殊相対性理論は、

「特殊な座標変換に対して物理法則が不変である」

と主張する理論だ。具体的には「等速」で離れたり近づいたりするような座標系をあつかう。特に光速は、どんな座標系から見ても不変である。

相対性理論は、一言でいうと、光速という物理現象を固定して、それを基準にして、他の枠組みのほうが変化するような理論だ。「距離÷時間＝速度」という公式を思い浮かべていただきたい。光の場合は「空間÷時間＝光速」となる。ここで右辺の光速が常に30万キロメートル毎秒（あるいは「1」）だとする。

双子の兄弟の太郎と次郎にご登場願おう。

太郎が空間の距離を測るモノサシと時計をもっている。太郎が光速を測ると「1」になる。太郎に対して等速で動いている次郎は、太郎とは別のモノサシと時計をもっている。だが、次郎が測っても光速は「1」になる。次郎は太郎に対して動いているので、本来なら（＝アインシュタイン以前の発想なら）光速は、太郎が測った「1」からズレるはずだ。たとえば次郎が太郎に対して、光速の30％で動いているとしよう。だとしたら、次郎の測定では、「空間÷時間＝1.3」もしくは「空間÷時間＝0.7」になるはずである。

でも、（相対性理論の理論予測も実験結果も）そうはならない。次郎がどんな運動状態で測っても光速は「1」のままなのである。そこで、光速のほうは「1」で固定しておいて、逆に次郎の空間と時間の概念のほうを修正して、「空間÷時間＝1」と、全体の辻褄合わせをする。

相対性理論では時計が遅れたり物体の長さが縮んだり、常識では理解できないような現象が生じるが、それは、光速を「1」に固定するために、空間と時間のほうを調整した結果なのである。

相対性理論では、光速を一定にした代わりに、空間と時間は伸び縮みせざるをえない。

あちらを立てればこちらが立たず。

まさに光速を不変にしたために、空間と時間に皺寄せがきたのである。

ニュートンまでの発想では、太郎と次郎の空間・時間概念は同じだ。宇宙には、正しいモノサシは一つしかなく、正しい時計も一つしかない。だが、そうなると、光速は一定にはならない。光に対して動けば、光の速度は増減するはずだからだ。

アインシュタインの偉大さは、ニュートンまでの常識をひっくり返して、測定の枠組みである空間と時間のほうを変化させてしまった点にある。まさに逆転の発想なのだ。

ただし、その逆転により、もはや空間や時間という枠組みは、唯一絶対のものではなくなった。太郎と次郎と……エルヴィンとマイケルと……ようするに時空は観測者の数だけ存在することになった。

ニュートンの世界　光速は可変、空間と時間は不変
アインシュタインの世界　光速は不変、空間と時間は可変

❽ ホーキングの世界はコト的で実証論的だ

科学者は常に客観的に仕事をしているように思われがちだが、実際には、さまざまな哲学や思想のもとに生きている。たとえば西欧の科学者の多くは、家族と一緒にキリスト教の教会に足を

運ぶし、死ぬときは天国に行かれるように願うはずだ。もちろん、ホーキングのように宇宙論のような学問をやっていれば、常に森羅万象の存在理由を問い続けることになるだろうし、その結果、宇宙の始まりについて、伝統的なキリスト教の神とはちがった形態の存在を仮定することになっても不思議ではない。

ホーキングは、異常なまでに「宇宙の始まり」の問題に固執する。それは、「光あれ」という言葉で始まったとされる、キリスト教の聖書に書かれた宇宙の始まりに対するホーキング流の反論なのかもしれない。

多少、比喩的な説明になるが、ホーキングの科学思想を理解するために、金融・経済の世界を考えてみよう。

大昔、経済は単純で地に足が着いていた。人々は、農作物や狩りの獲物や金や銀といった具体的な「モノ」にしか価値を見出さず、それを物々交換して生活していた。私は、そういう状態を（原始的な）「モノ的世界観」と呼んでいるのだが、このレベルでは、特に問題は生じない。

だが、徐々に経済が発達すると、実際にモノ造りに励まなくても、物資の移動を仲介するだけで生活できる人々が生まれてくる。また、流通するモノの代わりに「貨幣」、つまりオカネが使われはじめて、しまいには、オカネとオカネが交換されたり、というようなことも起こってくる。

オカネというのは、たとえば目の前にある千円札を例にとると、実は紙にインクの染みがついているだけで、モノとしての価値は低い。だから、タイムマシンで原始的な物々交換の時代にでかけていって、猟師が命がけで獲ってきた猪の肉と一万円札を交換しようとしたら、それこそ命が危ないだろう。

でも、オカネは、モノとモノの間を媒介するから、現代社会では、あたかもオカネ自体に価値があるかのような幻想を産み出している。このようにモノが主役の座を離れて、モノでないものが重要な役割を演ずるようになった状態を私は「コト的世界観」と呼んでいる。

金融の世界における先物取引やデリバティブのようなものは、素朴なモノから遥か離れたところで、きわめてコト的な取引がおこなわれているわけだ。

ここで科学の世界に戻るとしよう。

まず、目に見えるような大きな物体の性質を研究して、その力学や電磁気学を研究している段階では、あきらかにモノが存在する。だが、その物体を細かく分解していって、分子レベルから原子レベルへと進んでゆくと、徐々にモノという概念が薄れてゆき、しまいには、確固たるモノの基盤は崩れてしまう。

その一つの例は、すでに出てきた特殊相対性理論における時間と空間という枠組みだろう。時間と空間はモノではない、といわれるかもしれないが、少なくとも、モノを測る際の大枠という意味では、モノと直結している。だが、アインシュタインが１９０５年に「時空は相対的だ」と宣言して以来、その大枠は堅固なものではなくなった。

相対性理論では、モノが脇役に押しやられ、太郎の時空と次郎の時空の「関係性」が論じられるようになる。モノとモノの関係は、オカネのようであり、ここには「コト的世界観」があらわれはじめている。

詳しくは第2章の冒頭でご紹介するつもりだが、量子論の世界では、さらに具体的なモノが影を潜めてゆき、不確定性原理により、さまざまな物理量があいまいになり、モノの位置や速度はいうにおよばず、しまいにはモノの数さえ勘定できなくなってしまう。

第3章にでてくる量子宇宙論は、ホーキングのさまざまな業績のなかでも、とりわけ理解しにくいものなのだが、その一つの理由は、宇宙全体からモノ的な要素が消えてしまい、すべてがコト化しているからだともいえる。

モノとコトの問題とも関連するのだが、科学の世界には、大きく分けて、2つの相容《あいい》れない研究態度が存在する。それは「実在論」と「実証論」と呼ばれている。

われわれは宇宙という名の世界に閉じ込められて、その中で何が起きているのかを数式や言葉をつかって予測し、その結果を測定器で測って確認する。だが、その際、物理的実在について、背後になんらかの「存在理由」があると考えて追究するか、そうではなくて、「あってもなくても結果は同じさ」と開き直るかによって、科学者の研究態度には大きな差がでてくる。

物理理論の背後に確固たるモノを追い求めるのが実在論の立場であり、コトならコトで我慢して、実証できる範囲だけで話をする、というのが実証論の立場なのである。

ホーキングは、バリバリの実証論者であり、物理理論がコト的になっているのであれば、あえてモノ的な解釈は求めない。

だが、一般論として、モノを追究する実在論のほうが、何をやっているのかが理解しやすく、コトで満足してしまう実証論は、わかりにくい。

ホーキングの理論の難解さの大部分は、私から見るかぎり、その強い実証論的な思想が原因だ。その信念がどれくらい強いものなのか、本書を読み進めていただければ、次第に明らかになってくると思う。

■ホーキング語録■　自分の業績について

ブラックホールの古典論への私の最も重要な2つの貢献は、おそらく「面積定理」と「毛がない定理」の証明に果たした役割だと思う。面積定理は、
《ブラックホールの事象の地平線の総面積は決して減少することがない》
というものだ。毛がない定理は、

《ブラックホールは、その質量と角運動量と電荷だけに依存する定常状態に落ち着く》

というものだ。(「ビッグバンとブラックホールについて」竹内訳)

第1章

宇宙には時の始まりと終わりがあるか 特異点をめぐって

この章では、ホーキングの研究の原点となった「特異点定理」をご紹介する。

そもそも、特異点とはなんだろう。それは本当に存在するのか。それともアインシュタインの理論の適用限界を示す理論的な指標にすぎないのか。そして、ホーキングの特異点定理により、いったい、何が変わったのか。

そういった点を念頭に、ホーキングの論文がでた当時の学界の趨勢《すうせい》などともからめて、特異点の謎に迫ってみたい。

アインシュタインの遺産「重力は時空が曲がっていることだ」

ホーキングの業績に入る前に、予備知識として、アインシュタインの重力理論についてまとめておこう。もちろん、アインシュタインの理論は、それだけで本が何冊も書けるほど豊富な内容をもっているので、すべてを網羅することはできない。ここでは、ホーキングとの関係で、どうしても必要になるエッセンスを抽出してみよう。

ニュートンの重力理論とアインシュタインの重力理論の大きなちがいは、時間と空間の性質にある。ニュートンの理論では、時間と空間は、物理現象が起きる舞台のようなもので、舞台そのものは静的で変化しなかった。

アインシュタインの理論では、時間と空間自体がダイナミックに変動する。時間と空間は、単なる「容れ物」ではなく、物質の量や動きに敏感に反応する、第三の物理量なのだ。

まず、ニュートンとアインシュタインの重力の法則をみておこう。

ニュートンの重力法則　２つの物体間に働く重力は、それぞれの物体の質量に比例し、距離の２乗に反比例する

こういうのは言葉で書かれるとかえって混乱するので、数式を書くことにすると、

$$F = G\frac{mM}{r^2}$$

と表すことができる。Gはニュートンの重力定数である。mとMは2つの物体の質量。rは2物体間の距離である。

次にアインシュタインの重力法則だ。

アインシュタインの重力法則　空間の曲率は、そこにある質量に比例する

アインシュタインの理論では、重力場は、質量によって空間が歪むこととして表される。つまり、物体が重ければ重いほど、物体の周囲の空間は歪むのである。それが重力の意味なのだ。ここに出てきた「曲率」は、「曲がり具合」ということで、具体的には、「余剰半径」という量で測ることができる。

余剰半径とはいったい何だろう？

これは、平らなユークリッド空間からのズレを表す量だ。曲がっていない空間を「ユークリッド空間」と呼ぶ。ふつうに学校で教わる幾何学のことだと思っていただければよい。そこでは、球の表面積Aは、

$$A = 4\pi r^2$$

という公式で半径と関係づけられる。いいかえると、球の表面積を測定して、それから、

$$r = \sqrt{\frac{A}{4\pi}}$$

と「理論半径」を計算することができる。これが半径の実測値と一致すれば、半径には過不足がないので、余剰もないことになる。平なユークリッド空間では余剰半径はゼロである。

ところが、空間が曲がっていると、理論半径は、実測半径と一致しない。なぜなら、理論半径というのは、あくまでも、平らな空間、という前提のもとでの計算であり、曲がった空間では補正が必要になるからだ。だから、曲がった空間では、余剰半径がゼロでなくなる。

$$余剰半径 = 実測半径 - \sqrt{\frac{A}{4\pi}}$$

余剰半径は、ようするに、「空間がどれくらい平らな状態からズレているか」を測る指標なのだ。余剰半径は曲率そのものである。

アインシュタインは、この余剰半径が、そこにある物体の質量Mと、

$$余剰半径=\frac{G}{3c^2}M$$

という関係にあることを主張した。これがかの有名な「アインシュタイン方程式」である。Gはニュートンの重力定数でcは光速だ。

この方程式の左辺は空間の幾何学であり、右辺は物質の存在をあらわしている。「空間が曲がっている」ということと「物質が存在する」ということは同義なのだ。

以上がアインシュタインの重力場の概要である。

（注：この重力場の説明は『ファインマン物理学Ⅳ』を参考にした。余剰半径は時空の曲がり具合、すなわち「曲率」を意味し、それが質量に比例する、という式は「アインシュタイン方程式」と呼ばれている。実際は、もう少し話が複雑で、余剰半径は1種類ではない。また、物質の質量は、エネルギーと運動量、というほうが精確である。詳しくは、巻末の参考文献をご覧ください）

シュワルツシルトは前線でブラックホールの半径を計算した

カール・シュワルツシルトは第一次世界大戦に従軍中、アインシュタインの重力理論をつかっ

てある計算をした。それは、球状の物体の周囲の空間がどのように歪んでいるかを考察したものだった。

今日、「シュワルツシルトの解」として知られる彼の論文は、アインシュタインによってプロシアの科学アカデミーで朗読された。もちろん、シュワルツシルト本人は従軍中で不在だったからである。

シュワルツシルトを悩ませたのは、ロシア軍との戦いだけではなかった。彼は、星の重さに比例した奇妙な境界線を発見してしまったのだ。それは現在では「シュワルツシルト半径」とか「事象の地平線」と呼ばれるもので、光速 c も重力定数 G も1とおいた単位系では、

シュワルツシルト半径＝$2M$

となって、星の重さの2倍の大きさをもつ。（重さの2倍の半径という表現に納得がいかない読者は、これに G や c がいくつか分母や分子にかかるのだとお考えください。重力を研究している物理学者たちは、細かい定数に煩《わずら》わされずに物理の本質をとらえるために、こういう特殊な単位系をつかうのです）

シュワルツシルトは、自分の発見した解が、この半径のところで奇妙なふるまいを示すことに驚いた。なんと、時間が消えて、空間が無限大になってしまうのである。彼はその意味を理解す

ることができなかった。だが、通常の星の場合、シュワルツシルト半径は、星の表面の半径よりもずっと小さくて、星の内部に隠れてしまって外からは見えない。シュワルツシルトは、計算により、そのことをたしかめて安心した。シュワルツシルト半径で何か変なことが起きるとしても、星の外部には影響がないからである。

シュワルツシルトは、アインシュタインの重力方程式の最初の厳密解を発見した。非常に優れた学者だったが、残念なことに前線で罹った病気がもとで死んでしまった。

チャンドラセカールは船の上でブラックホールの重さを計算した

その後、物理学者たちは、

「もっと重い星があったらどうなるか?」

という問題を考え続けた。

本来、重い星は自らの重力により収縮して潰れてしまうはずだ。だが、量子論には面白い法則があって、星が潰れるのを防いでくれる。その法則は「パウリの排他律」といって、たとえば「同じ状態にある電子どうしをくっつけることはできない」ということがわかっている。

つまり、重い星がある程度まで収縮すると原子のまわりにあった電子どうしが接近しすぎて、パウリの排他律により「反発」するようになるのだ。パウリの排他律は、その名のとおり、電子どうしが互いに排他的になることを予言する。

　この反発力は非常に強いので、どうやら、通常より重い星があったとしても、星は潰れずに済みそうだ、ということになった。

　だが、1930年、まだ19歳の若き俊英スブラマニヤン・チャンドラセカールは、インドのマドラス（現在はチェンナイ）からイギリスのサウサンプトンへ向かう船の上である計算を行っていた。チャンドラセカールは、太陽の1・4倍より重い星の場合、パウリの排他律による反発力でも支え切れずに、星は潰れてしまうことに気がついた。

　これは大変な問題だった。なぜなら、星がどんどん潰れてゆくのであれば、いつか、シュワルツシルトが計算ではじきだした「魔の半径」に到達してしまうだろうから。すると、時間が消えて空間が無限になるような時空の境界線が星の外部にはみ出てしまう。

スナイダーは「魔の半径」が怖くないことを示した

　ハートランド・スナイダーというアメリカの物理学者の論文に初めて出会ったのは、20年前（1985年）、私がまだ大学生だった頃まで遡る。当時、私はスナイダーが1947年に書いた「時空量子化」の論文に釘付けになっていた。それは時間と空間がいわば飛び飛びのデジタルになっている、という驚くべき仮説で、哲学づいていた私の問題意識とぴったり重なっていたのである。

今にして思えば、時間と空間を量子論的にあつかう、というアイディアは、それこそホーキングでも達成しえなかった壮大なプロジェクトなのであり、スナイダーの論文は、その端緒を開いたにすぎなかったのであるが。

ちょっと話が脱線しかかっている。元に戻そう。

スナイダーはロバート・オッペンハイマーという大物理学者のお弟子さんである。オッペンハイマーは広島と長崎の原爆投下へつながったマンハッタン計画の指揮者であり、とかく悪いイメージがつきまとうが、少なくとも第二次世界大戦前は、理論物理学で数々の業績をあげていた人物だ。

1939年、スナイダーはオッペンハイマーに指導されて、重い星が自らの重力により潰れてゆくとき、最終的にどのような運命をたどるのかを研究していた。そして、かつてロシア戦線でシュワルツシルトの頭を悩ませた「時間が消えて空間が無限になる」という問題に正しい解決を与えることに成功した。

わかってみればあたりまえともいえる結論なのだが、スナイダーは、アインシュタインの相対性理論の「精神」に立ち返って、ちがう立場の観測者からは、同じ現象でもちがう光景に見えることを指摘したのだ。

スナイダーの結論は次のようなものだった。

1　遠くからだと、星はシュワルツシルト半径のところで潰れるのをやめて「凍りついた」ように見える

2　星の表面と一緒に動いていると、シュワルツシルト半径はなんの意味ももたないように感じられ、星はものの数時間とたたぬうちに完全な点にまで潰れてしまう

これは、中心に向かって落ち込んでゆく星の表面から遠方に発せられた光の信号の「周期」がどんどん間延びするからである。音の場合でも遠ざかる音源は実際よりも低音に聞こえるが、それは光でも同じなのである。遠方の観測者からどんどん遠ざかる光の信号は、次第に信号の間隔が伸びてしまい、シュワルツシルト半径のところでは時が凍りついたように見えるのである。外部の観測者には、それ以降の星の運命はわからない。永遠に止まって凍りついたようにしか見えないからである。

これがブラックホールが「凍りついた星」と呼ばれるゆえんだ。

ただし、星の表面と一緒に動いている観測者には、まったく別の光景が待ち受けている。シュワルツシルト半径を超えたとき、その観測者は、実際は一方通行の境界線の内部に突入したのであるが、それを示す兆候は何もない。そこでは重力もさほど強くなく、ましてや、空間に亀裂が入っているわけでもない。観測者の腕時計が止まることもない。しかし、シュワルツシルト半径

より内側に入ってから、「そろそろロケットを噴射して脱出しようか」などと考えても時すでに遅し、である。エンジン全開でロケットを噴射しても、観測者は、自分の身体が星の表面にくっついたまま、どんどん中心に向かって落下しつづけることに気がつくだろう。やがて、観測者の身体は、左右から押し付けられ、上下に引き伸ばされる力を感じ始める。いわゆる「潮汐力」である。そして、じきにロケットも観測者の身体もバラバラになって分子レベルまで分解され、その後、信じられない圧力と温度の塊となって大きさのない点にまで潰されてゆくのである。

というわけで、スナイダーは、ブラックホールの周囲のシュワルツシルト半径が、「後戻りのできない線」であることと、遠方から見て星が「凍りつく」場所であることをみつけだし、さらには、落下する観測者には、その後の厳しい運命が待ち受けていることを明らかにした。

シュワルツシルト半径は、ようするに、光でさえ脱出できないような時空の境界線なのだ。だが、誰でもそこから中に入ることはできる。その意味では、時空に亀裂が生じているわけではない。

ちなみに、ブラックホールという名前は1967年の12月にプリンストン大学のジョン・ウィーラーが授業の中で使ったのが最初だといわれている。光でさえも脱出できない黒い宇宙の穴、という意味で、ブラックホールなのである。(光が出てこないから「黒い」!)

「魔の境界線」は消え去ったが、後には、ブラックホールの「芯」が残った。この芯こそが「特異点」と呼ばれ、ホーキングの初期の重要論文の中心テーマとなるものなのだ。

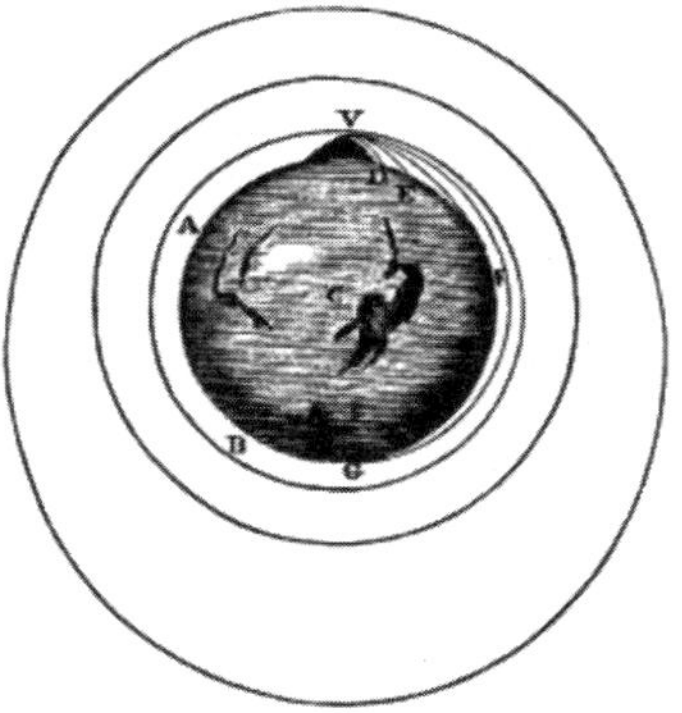

山の頂上Vから石を投げるとD地点に落ちる。もっと勢いをつけるとE地点に落ちる。そうやって速度を上げてゆくとある時点で石は人工衛星になる

図9　ニュートンが描いたとされる図

コラム

潮汐力とは？

潮汐《ちょうせき》力は天体の周囲で大きさのある物体が受ける力のことだ。その名のとおり地球の海の潮の満ち干も月や太陽の影響にほかならない。

天体の周囲にある物体は重力によって天体に「落ちてくる」。だが、円周方向に速度をもっていれば、それは、落ちながら横に進むので、（うまくつりあえば）落ちもせず、飛び去りもせず、天体の周囲の軌道を巡ることになる。（図9）

これは、ひもの先っちょに石をつけてブンブン振り回すのと同じ情況だ。石の立場で考えるならば、ひもによって中心に引っ張られる力と遠心力とがつりあっているのである。

天体の周囲の物体の場合、ひもの役割を果たして

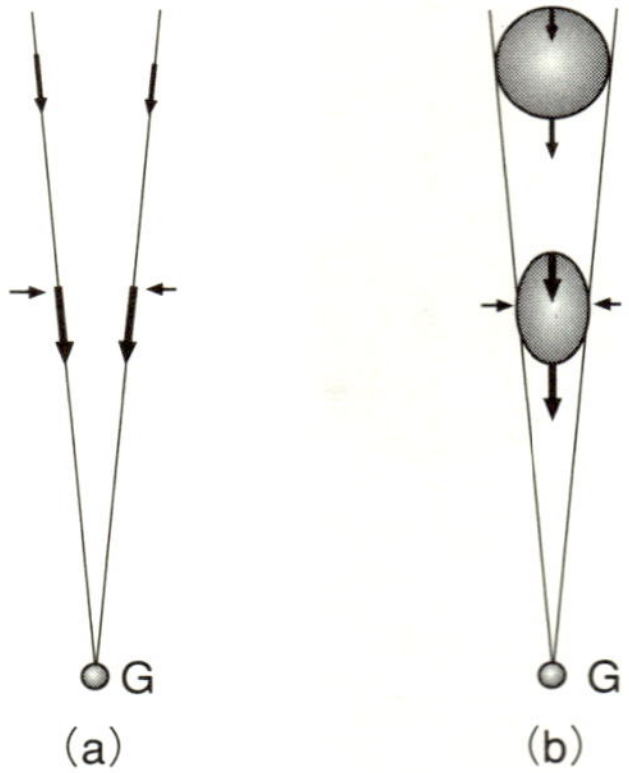

(a) 重力は重力源の中心Gに向かうので、周囲にある2つの物体は近づくことになる (b) 大きさのある物体は左右に押しつぶされる力を受ける
『Flat and Curved Space-times』(前掲書)を参考に改変

図10　重力によって起こる潮汐力

いるのは重力である。重力と遠心力がつりあっているのである。
だが、大きさのある物体の場合、つりあっていても、重力の影響がゼロになったわけではない。たしかに物体の重心では重力と遠心力がつりあっているが、物体の端では遠心力が重力と打ち消しあわずに力が残存する。それは、重力が天体の中心に向かうため、斜めに働くからである。その結果、物体には、左右から押しつぶされるような力が働くことになる。(図10)
小惑星や彗星などが大きな天体の傍を通過するとき、この潮汐力に堪え切れずに割れてしまうことがある。少し前に話題になったシューメーカー=レヴィ第9彗星などは、そのいい例である。

■ペンローズはブラックホールに「芯」があることを証明した

１９６５年にイギリスの数理物理学者ロジャー・ペンローズは面白い定理を証明した。それは、アインシュタインの重力理論が正しくて、なおかつ重力が引力だけならば、「重い」星のような物体は、最終的には縮んで「点」にまで潰れてしまう、というものだ。なんと体積ゼロになってしまうというのである。

もともとエネルギーをもっていた物体がどんどん小さくなって潰れるのだから、その温度は無限大になるであろう。イメージ的には、掌《てのひら》で叩《たた》かれても「痛いなぁ」で済むが、先の尖った釘で叩かれたら「突き抜けて」しまうのと似ている。

無限大といったが、もっと精確にいうと、そもそも物理量が定義できなくなってしまうのである。

特異点とは大きさがゼロで、物理量が定義できないような空間の点なのだ。

特異点については、頭を整理しておかないと混乱するので、きちんと順を追って説明していこう。

学校の数学の授業で、こんな計算をやって先生に叱られた憶えがある。

$$3 \div 0 = \infty$$

「∞」はもちろん「無限大」を表す数学記号だ。当時の私は、なぜ先生が凄い剣幕で怒ったのか、まったく理解できなかった。だって、3を1で割れば答えは3、3を0・1で割れば答えは30、3を0・01で割れば答えは300……以下無限に続く……小さい数で割るにしたがって答えは大きくなる！　だから、最終的には3をゼロで割ったら答えは無限大になるにちがいない。きわめて論理的（帰納的？）な推論ではないか。

だが、数学の先生は、鬼のような形相で私に言い聞かせた。

「いいかね、竹内くん、金輪際、どんなことがあっても絶対に分母にゼロをもってきてはいけない。それは数学的に定義できないものなのだから」

そのとき、私は、生まれて初めて、数学には「特異点」というものが存在することを知った。

話を元に戻すと、実は、第一次世界大戦のロシア戦線でシュワルツシルトの頭を悩ませていたのので、「魔の半径」も、空間が無限大になる、数学的な特異点だったのだ。分母に（$r-2M$）があったので、半径rが$2M$になるとまずいことになるのである。

（注：数式があったほうがいい読者のために少しだけ補足しておく。相対性理論では三平方の定理が変更を受ける。「斜辺」にあたるのがdsで「高さ」にあたるのがdtで「底辺」にあたるのがdrだ。相対性理論では、dtは時間、drは空間を表すが、dtの前がマイナス符号になる。重力が入ってきて時空が「曲がる」と、さらに恰好が変わる。rが天体の半径でMは質量である。

$$ds^2 = dt^2 + dr^2$$

↓

$$ds^2 = -dt^2 + dr^2$$

↓

$$ds^2 = -\left(1-\frac{2M}{r}\right)dt^2 + \frac{1}{\left(1-\frac{2M}{r}\right)}dr^2$$

実は、これでも空間方向を省略しているのだが、rが$2M$になったとき、時間が消えて空間が無限大になることはおわかりいただけるだろう。もっと精確な説明は巻末の参考文献にゆずる）

だが、それは物理的な特異点ではなかった。そのココロは、温度とか密度とか圧力とか空間の曲がり具合といった、物理的な観測量は正常値を示している、ということだ。物理的に意味をもつ量は、別にシュワルツシルト半径のところで無限大になったりしない。

それでも、

「では、なぜ計算に無限大がでてくるのか。分母がゼロになってもいいのか？」

という疑問は残るだろう。この疑問に対しては、

「そもそも座標系というのは物理的な意味をもたない」

と答えることになる。

地図の例を考えてみることにしよう。

地球の丸い表面に南北の緯度線と東西の経度線を描いてみよう。これも立派な座標系である。地球のほとんどの場所で緯度線と経度線は直交する。地球のほとんどの場所は緯度と経度の数値で表すことができる。たとえば東京都庁の座標は、概算で北緯35度、東経139度なので、(35, 139) という座標値をもつことになる。

だが、この座標系には、まずい点が2つほどある。どこかおわかりだろうか?

それは、北極点と南極点なのだ。北極点は北緯90度だが経度はどうなる? 北極点には、地球上のあらゆる経度線が集まっているではないか。だから、経度は定義できないのである。南極点も同じだ。

つまり、北極と南極は、(経度が無限にあるという意味で) 数学的な特異点といってもいいのである。でも、北極点と南極点で座標がうまく定義できないからといって、そこに地球を貫く穴が口をあけているわけでもないし、温度が無限大なわけでもない。

実際、緯度と経度を少しずらせば、座標の特異点は、別の場所に移動する。座標の特異点を東京都庁にもってきてもかまわない。単に不便になるだけの話だ。あるいは、特異点がないような歪んだ座標系をつかうことにしてもかまわない。

まとめてみよう。

まとめ　シュワルツシルト半径に生じる数学的な特異点は「悪い」座標系を用いたために生じたものなので、「良い」座標系に変換してやれば除去できる。

だが、どんなに良い座標系を使っても取り除くことができないホンモノの特異点も存在する。それは温度や圧力や時空の曲がり具合といった物理量自体が無限大になる点のことで、「物理的な特異点」と呼ばれている。

ペンローズが証明したのは、重い星が潰れてゆくと、最終的に大きさがゼロで物理量の定義できない物理的な特異点になってしまう、ということだった。つまり、ブラックホールの中心には、座標変換では取り去ることができないホンモノの特異点があるのだ。

ブラックホールの「芯」は、そこで物理が終わってしまうという意味では、時間と空間の終わりだともいえる。ブラックホールの中に飛び込むと時間と空間の「端っこ」に出会うのである。

時の始まりと終わりというのは誰でも一度は考える問題だが、ブラックホールの芯はまさに時の終わりなのだ。

これはアインシュタインの重力理論の回避できない結論なのである。

煮え湯を飲まされたロシア人たち

いきなりだが、リフシッツという名前に聞き覚えはありませんか？　今では少数派になってしまったが、物理学の教科書でかつて一世を風靡《ふうび》したことのある『ランダウ＝リフシッツ理論物理学教程』の共著者、エフゲニー・リフシッツのことである。

ランダウ＝リフシッツの教科書は、日本語版の場合、全10巻であり、少なくとも1980年代までは『ファインマン物理学』と標準教科書の座を争っていた。私も学生のとき、どちらを読もうか散々迷った憶えがある。

ランダウ＝リフシッツの教科書はソビエト的（注：ソビエト連邦は現在のロシアやウクライナなどを中心とした共産主義の連邦国家であった）で冷徹で数学的だったのに対して、ファインマンの教科書はアメリカ的で熱くユーモラスで泥臭い物理の味がした。ある意味、好対照な教科書だった。

さて、ランダウはさておき、ホーキングとの関係でいえば、リフシッツは地獄に突き落とされ、ファインマンは天国に招待された、といっていいだろう。ホーキングは、学術論文も含めて、自著のいたるところでリフシッツを虚仮《こけ》にし、ファインマンを褒《ほ》めちぎっているからだ。

ファインマンについては第3章でとりあげるとして、いったい、なぜリフシッツがホーキングにこき下ろされるはめに陥ったのか、事の顛末《てんまつ》をみてみることにしよう。

アインシュタインの重力理論はブラックホールにも適用されるが、宇宙全体を論じるのにも使われる。そこで、ブラックホールに芯があったのと同じように、宇宙全体にも物理的な特異点があるのかどうかが問題になる。

具体的には、宇宙がビッグバンから始まったとして、そのビッグバンは物理的な特異点だったのかどうか、という問題だ。

問題　ビッグバンは時間と空間の「端っこ」だったのか?

この問題に対する答えは次のどちらかになるだろう。

答１　ビッグバンは時間と空間の始まりだった
答２　ビッグバンの前も時間と空間が存在した

さて、ソビエト連邦のリフシッツとハラトニコフは、１９６３年の論文で答２が正しいと主張していた。すなわち、ビッグバンは物理的な特異点ではなかった、と考えたのである。

なぜ、そのようなシナリオが可能なのだろう?

リフシッツとハラトニコフの考えは、次のようなものだ。

「宇宙の歴史を遡《さかのぼ》ってみよう。すると、大昔、宇宙は非常に小さかったことが予測される。だが、さらに遡っても、宇宙の全物質が大きさのない一点から始まったと考える必要はない。たしかに、そのような可能性も存在するが、現実の宇宙は、数学の幾何学のようにきれいにできてはいないので、宇宙の全物質が数学的な概念である『点』に収束するかわりに、互いにすれちがってしまう可能性のほうが高いように思われる。ビッグバンは宇宙がいちばん小さかったときのことを指す。その前、宇宙は、もっと大きかった。そして、ビッグバンの前にも時間は存在した」

リフシッツとハラトニコフが考えていたのは、永遠に膨張と収縮を繰り返すような振動宇宙だ。このシナリオでは、宇宙は「ビッグバン」から始まるが、最大の大きさまで膨らんだところで重力のほうが勝ってしまい、それ以降は収縮に転ずる。だが、宇宙は完全な球ではなく「歪《いびつ》」な恰好をしているので、収縮しても点にまでは潰れない。徐々に小さくなった宇宙の中の物質は、たがいにすれちがって、ふたたびビッグバンにより膨張に転ずる。

つまりリフシッツとハラトニコフは現実的な宇宙について論じているのだ。それでは、彼らが非現実的と考えていた宇宙とは何なのだろう?

それは、宇宙の理想化されたモデルのことであり、発案者の名前をとってフリードマン模型と呼ばれている。これは、ロシアのアレキサンダー・フリードマンが1922年に考えた宇宙モデルで、もちろん、アインシュタインの重力理論をもとにしている。

フリードマン模型は、恣意《しい》的なものではない。宇宙のおおまかな観測事実から数学的に導かれ

る、きわめて限定的なモデルだ。おおまかな観測事実とは、

１　宇宙はどの場所でもほぼ均一になっている
２　宇宙はどの方向でもほぼ同じになっている

の２つで、それぞれ「均一性」と「等方性」と呼ばれている。また、この２つの観測事実をまとめて「宇宙原理」という。

もちろん、宇宙のどんな場所も同じであり、どの方向も同じに見える、というのは真っ赤な嘘だ。その証拠に昼間空を見上げれば、太陽だけが燦々《さんさん》と輝いており、太陽の場所と方向が特別であることは疑う余地がない。もっと広い範囲で考えてみても、銀河系の中と外とでは物質密度もちがうだろうし、銀河が見える方向と見えない方向がある。宇宙原理は、現実の宇宙にはあてはまらないように思われる。

だが、いま述べたような太陽や銀河は、宇宙全体から見れば実に些細な問題なのだ。１３７億光年という広大な宇宙を全体としてみれば、銀河など小さな黒子《ほくろ》のようなものであり、太陽はケシ粒より小さい存在だ。宇宙全体を眺めてみれば、平均的にいって、宇宙原理はあてはまると考えてよい。

フリードマン模型は、宇宙原理とアインシュタインの重力理論から自動的に導かれる結果なの

である。だから、宇宙全体のふるまいを近似的に記述すると考えられる。

ただし、宇宙原理は理想化の産物であることはまちがいないから、リフシッツとハラトニコフが「フリードマン模型は理想化のしすぎで現実の宇宙、特に宇宙の始まりには適用できない」と考えたとしても不思議ではない。

もちろん、フリードマン模型も、宇宙の中のエネルギーの種類によって結果はちがってくる。たとえば、現在では宇宙の中で重力に影響を与える主なエネルギーは「物質」なのだが、宇宙初期においては、主役は「放射」だった。

あくまでもイメージ的な説明になるが、若い宇宙は熱くドロドロに融けていて、光に充ちていた。つまり放射が主役だった。宇宙が膨張して冷えるにしたがってドロドロだったものは固まって原子となり、光は脇役に押しやられた。そんな感じだ。

フリードマン模型は、どんな物質が優勢か、という基準のほかに、そもそも宇宙全体が「平坦」なのか「球」のように曲がっているのか「鞍《くら》」のように曲がっているのかによって結果がちがってくる。

だが、ここでは、フリードマン模型の詳細を論じるのが目的ではないので、簡単なグラフをお見せして初期宇宙の理想化されたふるまいを理解していただこう（図11）。

この図では、たとえば光に充ちた宇宙の大きさは時間の平方根に比例しており、時間ゼロでは宇宙の大きさもゼロになる。そのとき、温度と宇宙の密度ρ（ロー）はともに無限大になる。こ

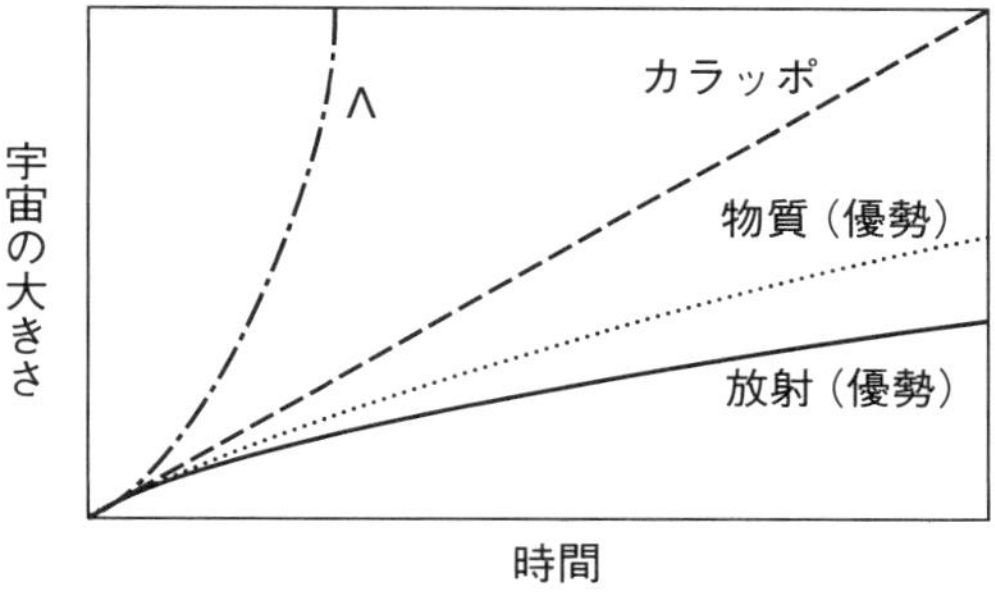

縦軸が宇宙の大きさで横軸が時間。Λは宇宙に「万有斥力」（宇宙定数）がある場合。Λは宇宙定数を表す。傾き1の直線は宇宙がカラッポの場合。物質が優勢な宇宙と光（放射）が優勢な宇宙では膨張の度合いがちがってくる
『Introduction to Cosmology』Barbara Ryden（Addison Wesley）を参考に改変

図11　理想化された初期宇宙のふるまい

れがフリードマン模型が予測するビッグバンの特異点なのだ。

フリードマン模型　ビッグバンは特異点で温度も密度も無限大になる

でも、これはあくまでも「宇宙原理」という理想化された条件のもとにアインシュタインの方程式を解いた結果なのであり、リフシッツとハラトニコフの反論ももっともなように思いませんか？

理想化された条件で数式が教えてくれることが現実に起こるとは限らない。

だが、この安易な結論により、哀れリフシッツとハラトニコフは、物理学界においてぬぐい去ることのできない失態を演じてしまったのだ。いや、別にリフシッツとハラトニコフの考

えが、そんなに酷かったわけではない。ただ、相手が悪かった。リフシッツとハラトニコフの論文は、遠いイギリスの地で秘かに学界デビューを目論《もくろ》んでいたひとりの天才宇宙物理学者の目に留まってしまった。われらがホーキングその人である。

ホーキングが後に世界の超有名人になってしまい、彼の一般向けの本が次々とベストセラーになったため、リフシッツとハラトニコフの失敗は、何度も何度もくりかえし宣伝されることになった。

ホーキングはペンローズと組んで、アインシュタインの重力理論では、誰がどうあがこうが、宇宙のはじまりが存在することを証明したのである。その証明はきわめて数学的で難解だが、アイディアそのものは、驚くほどシンプルだ。

ホーキングのアイディア　ペンローズがすでにやっていたブラックホールの「芯」の証明を「逆さ」にした

いったい、どういうことだろう?

ペンローズは、重力で星が潰れてゆくと、しまいには特異点ができることを証明した。よろしいでしょうか?　時間とともに星は小さくなっていって、しまいには時空に「穴」が開いたようになって、最後には一点にまで潰れてしまう。その最後の点が特異点である。

始めは特異点はないが、時間とともにどんどん小さくなって点にまで潰れてしまうのである。物理学をかじったことのある人なら誰でも知っていることだが、物理学の方程式の多くは時間を逆さにしてもなりたつ。それを時間反転という。この本の後半に出てくる「時間の矢」というものがあって、少なくとも日常生活においては、時間は逆さにならないように思われるが、それでも物理学の基礎理論では時間反転がなりたつことが多い。

ホーキングは、ペンローズの証明で時間を逆さにしたらどうなるかと考えたのである。

ペンローズ　大きな天体（過去）↓　潰れて点になる（未来）

ホーキング　大きな宇宙（未来）↑　大きさゼロの点（過去）

つまり、ホーキングは、ペンローズの定理を時間反転すると、特異点から始まって空間が拡がることに気がついたのだ。それがビッグバンから始まる宇宙と同じだというのである。

灯台下暗しとはこのことだ。

このときの事情をホーキングは次のように語っている。

「彼の定理の条件は依然成立したまま、崩壊が膨張に変わることを私はすぐ見抜いた。ペンローズの定理は、崩壊するいかなる星も特異点に終わるべきであることを示していた。時間を反転させるという論法で、いかなるフリードマン流の膨張宇宙も特異点からはじまるべきであることが示されたのである」（『ホーキング、宇宙を語る』ハヤカワ文庫　84ページ）

つまり、重力のもとで崩壊する（＝潰れる）空間においてなりたつペンローズの定理は、ちょうどフィルムを逆さ廻しするように時間を反転すれば、重力のもとで膨張する空間にあてはめることができることにホーキングは気づいたのである。となると、時間に終わりがある、というペンローズの結論は、時間を逆さにすれば、時間には始まりがある、ということになるではないか！

こういうのは天才の閃きというものなのだろう。

それにしても、たいして悪いことをしたわけでもないのに、まるで馬鹿呼ばわりに近い扱いを受けてしまったリフシッツとハラトニコフは哀れである。

たとえば、ホーキングの最近のベストセラー『ホーキング、未来を語る』では、リフシッツとハラトニコフの失敗が次のように書かれている。

「リフシッツとハラトニコフは苦しい立場に追い込まれました。私たちの証明した数学的な定理はあまりにも明解なものでしたから、論争することはできませんでした」（『ホーキング、未来を語る』アーティストハウス　55ページ）

ホーキングは、自分の研究の利点を強調するとともに他人の研究の欠点をあげつらうことが多い。それは、ホーキングの人格の一部であるように思われる。（もちろん、それが良いとか悪いとか言っているわけではない。ただ、そういった傾向が随所に見られるのである）ホーキングは、自分が得た閃きの結果をペンローズと共著で論文にしてコンペに出したが、その結果には、かなりの不満が残ったようだ。

「時間には始まりがあるという私たちの論文は、一九六八年に重力研究財団の論文賞コンペで二等を勝ちとりました。ペンローズと私は三〇〇ドルという豪勢な賞金を分かち合いました。私はその年の他の受賞論文がそれほど永続的な価値のあるものだとは思いません」（『ホーキング、未来を語る』53〜54ページ）

当時、自分たちの論文を正当に評価しなかった財団に対するホーキング流の最大の皮肉である。いやはや。

コラム

リフシッツとハラトニコフの宇宙は超ひも理論で復活した?

現代宇宙論に興味深い新説がある。それはチュロックとスタインハートという物理学者の仮説だ。彼らは超ひも理論に登場する「ブレーン」という概念から話を始める。

超ひも理論は、実をいえば、特異点を回避するために「点」ではなく、長さをもった「ひも」から物理理論を構築しよう、というアイディアがもとになっていて、ホーキングの特異点定理とも深いつながりがある。

超ひも理論では、長さはあるけれど幅はない「ひも」のほかに、長さも幅もあるけれど厚さはない「面」も登場する。さらに、ひもや面をもっと高い次元にまで拡張したものも出てくる。そういった一般化された「ひも」のことを「ブレーン」と呼ぶ。英語で「膜」は「メンブレーン」(membrane)なのだが、その後半をとってきたのである。「面」の親戚というような感じだ。

ニュートンの物理学では、宇宙は、3次元の空間と1次元の時間からできていた。アインシュタインの物理学では、宇宙は、3次元の空間と1次元の時間が一緒になって4次元時空ということになった。超ひも理論では、10次元とか11次元というようなもっと高い次元の時空が可能になる。

チュロックとスタインハートの宇宙論は、そういった高次元の時空で、2つのブレーンが衝突を繰り返す、というモデルだ。2つのブレーンは、「われわれの宇宙」と「あちらの宇宙」とみなすことができる。2つのブレーン宇宙が重力だけでつながっていて、シンバルを打ち鳴らすように、定期的にぶつかっては、その衝撃で離れてゆく。ぶつかるときが「ビッグバン」なのである。だから、このシナリオでは特異点はでてこない。

チュロックとスタインハートの宇宙は、振動を繰り返しつつ、特異点とは無縁という点で、リフシッツとハラトニコフの宇宙のアイディアが復活したとみなすことも可能だ。

物理学では、こんな具合に、コテンパンにやっつけられて捨て去られたアイディアがまったく別の背景で復活することがある。

神様は特異点がお好き？

「宇宙に始まりがある」とする特異点定理は一部の人々から「神の存在証明」とみなされた。なぜかといえば、この考えは「宇宙は最初に神が創った」という創造説と一致するからである。

現代物理学により、宇宙の発展はアインシュタイン方程式で記述されるようになったため、神様は、宇宙を動かし続ける必要はなくなった。だが、宇宙に始まりがあるのであれば、少なくとも「最初」だけは神様の出番があったことになる。

実際、カトリック教会は公式にビッグバン仮説を支持しているのである。

ホーキングは、特異点定理を証明したことにより、多くの宗教家の賛同を得た。彼らは、ホーキングが数学的・物理学的に神様の存在意義を証明してくれたと感じたようだ。

理論物理学の狭い研究分野のきわめて数学的な証明が多くの宗教家の注目の的になったのには理由《わけ》がある。それは、ビッグバンが時の始まりではない、と特異点の実在性を否定していたリフシッツとハラトニコフが、ソビエト連邦という無神論の共産主義国家の物理学者であったことと無縁ではない。ソビエトの中心だった現在のロシアにも宗教はある。キリスト教の一派のギリシャ正教が最大宗教なのだ。だが、共産主義時代、ソビエトでは公には宗教は認められず、キリスト教もイスラム教も共産主義と敵対していた。

無神論の共産主義者たちの論文の誤りを指摘し、特異点の存在を確固たるものとし、時に始まりを与えたホーキングの「業績」に、宗教家たちはジャンヌ・ダルクの再来を思い浮かべたかもしれない。

だが、彼らの歓びとて、長くは続かなかった。

リフシッツとハラトニコフ同様、宗教関係者たちも、やがて、ホーキングに煮え湯を飲まされる運命にあったのだ——。（第3章の無境界仮説へ続く！）

結局のところ特異点定理とはなんだったのか

ホーキングの特異点定理の意味は明快だ。

「宇宙には始まりがある」

それだけである。

宇宙は（原因不明ではあるが）ビッグバンという大爆発から始まって現在でも膨張し続けている。ビッグバンは特異点だった。

もちろん、あらゆる定理には「前提条件」が存在する。ホーキングの特異点定理の場合、それは、
1　アインシュタインの重力理論（＝一般相対論）が正しい

２　重力は引力だけである
３　閉じた円のような時間軸は存在しない

とまとめることができる。（さらに詳しい数学的な話は巻末の参考文献をご覧ください）

つまり、ホーキングの特異点定理は、アインシュタインの重力理論の枠組みでの話なのであり、もしも他の理論のほうが正しい、ということになれば物理的な意味を失うのである。

また、重力による「万有引力」を問題にしているため、たとえばアインシュタインが自らの宇宙論に導入した「宇宙定数」（＝万有斥力）が強いとホーキングの前提条件は崩れてしまう。宇宙定数は数式ではギリシャ語のラムダ（Λまたはλ）であらわされるので「ラムダ項」とも呼ばれる。宇宙定数は真空、つまり時空がもともと持っている「膨張する」性質のことだ。真空なのにエネルギーをもっているため「偽真空」と呼ばれることもある。こういうものが存在すると、万有引力の効果が弱まってしまうので、ホーキングの定理はなりたたなくなることがある。

さらには、そもそも始まりも終わりもない「円」のような恰好《かっこう》の時間軸があると、特異点定理はなりたたない。これは、時間軸上を未来にいくと過去に戻ってしまうという意味で、ようするに「タイムマシン」が自然に存在するか、ということだ。

で、今のところ、前提条件３によるタイムマシンはみつかっていないようだが、１と２の前提条件は微妙としかいいようがない。

まず、1のアインシュタインの重力理論だが、初期宇宙では完全にはなりたたないだろうと大部分の物理学者が考えている。それは、宇宙が小さかったときは、どうしても量子論の効果が無視できなくなるからだ（量子論はミクロの世界の基礎理論だ）。

また、最近の天文観測によれば、どうやら宇宙は加速的に膨張しているらしい。その原因は、なんとアインシュタインが発明した「宇宙定数」らしい。

というわけで、ホーキングの特異点定理は、発表された当時こそ大きなインパクトをもっていたが、現在では、物理学史の1ページの特記事項にすぎない。

もっとも、ホーキングも、そんなことは先刻承知で、特異点定理を発表したあと、すぐにアインシュタインの重力理論に量子的な効果を加味したらどうなるか、精力的に研究を始めたのである。

その第一の成果が「蒸発するブラックホール」の話であり、第二の成果が「宇宙無境界仮説」なのだ。

コラム

意地悪だった？ キーズ・カレッジの財務担当評議員

ホーキングが大学院卒業後、初めて特別研究員として「就職」したのはケンブリッジ大学のキーズ・カレッジだった。（ちなみにキーズは「Caius」と書いて「キーズ」と読むのだそうだ）キーズ・カレッジの財務担当評議員（Bursar）は、相当、意地悪だったらしい。（財務担当評議員というのは、日本の大学なら会計責任者とか出納長といった役どころだろう）

ホーキング自身は、当時の情況についてこんなふうに書いている。

「結婚当初、ジェーンはまだロンドンのウェストフィールド・カレッジの学部生だったので、月曜から金曜まではロンドンにいなくてはならなかった。ということは、僕が独りでなんとかやっていかれる場所が必要なことを意味した。それはきわめて重要だった。なぜなら僕はあまり遠くまで歩けなかったからだ。僕はカレッジに助けを求めた。だが、当時の財務担当評議員は、こうのたもうた。『カレッジのポリシーとして、研究員の家の世話はしないことになっておる』」

（「僕のＡＬＳ体験」http://www.hawking.org.uk/disable/dindex.html、竹内訳）

この財務担当評議員が特に冷淡で意地悪だったのか、単なるお役人仕事だったのか、それとも相当頭にきていたようで、アメリカ滞在を終えてケンブリッジに戻ってきたときのことも憤慨した調子で書いている。

ホーキングの被害妄想なのかはわからない。だが、ホーキング自身はこの財務担当者に対して、

「あの財務担当評議員は大学院生用のホステルに住んでもいい、とのたもうた。『通常、私どもは一部屋あたり一晩12シリング6ペンスの料金を承っております。しかしながら、あなたがたの場合は一部屋をお二人で使用されるわけですから25シリング申し受けることになりますな』僕た

ちはそこを3日で引き払った」(「僕のALS体験」http://www.hawking.org.uk/disable/dindex.html、竹内訳)

その後、徐々にホーキングの名声が高まるにつれて、大学側の態度は豹変《ひょうへん》し、いろいろと便宜を図ってくれるようになったことはいうまでもない。ついでに、意地悪な財務担当者も配置替えになったようである。

コラム

世紀の賭け1

ホーキングは賭け事が大好きである。とはいえ、ふつうの人のようにラスベガスにいってサイコロを振ったりルーレットに興じたりするわけではない。ホーキングの賭けの対象は「物理理論」なのだ。

ホーキングは彼の理論的な知識と信念と勘にもとづいてカリフォルニア工科大学の物理学者たちとの賭けに打って出た。彼らは何度も賭けを行っている。本書の序章の冒頭に登場したダブリン会議の懺悔《ざんげ》は1997年の賭けの結末なのだが、ここでは、1974年の賭けをご紹介することにしたい。(図12)

1974年の賭けは相対性理論の専門家のキップ・ソーンとの間に行われた。二人は白鳥座X

1という強いX線を放射している天体がブラックホールであるか否かで賭けをしたのである。ホーキングは「それはブラックホールではない」と言い、ソーンは「それはブラックホールだ」と言った。

結果はソーンの勝ちとなり、ホーキングはソーンにポルノ雑誌『ペントハウス』の1年の定期購読を贈った。（逆の結果が出た場合は、ソーンがホーキングにイギリスのユーモア雑誌『プライベート・アイ』の4年分の定期購読を贈ることになっていた）

この場合、ホーキングは白鳥座X1がブラックホールであると信じていて、あえて負けるほうに張ったのである。ユーモア精神躍如というところか。なお、実際にポルノ雑誌がソーンのところに届いたかどうかは定かでない。

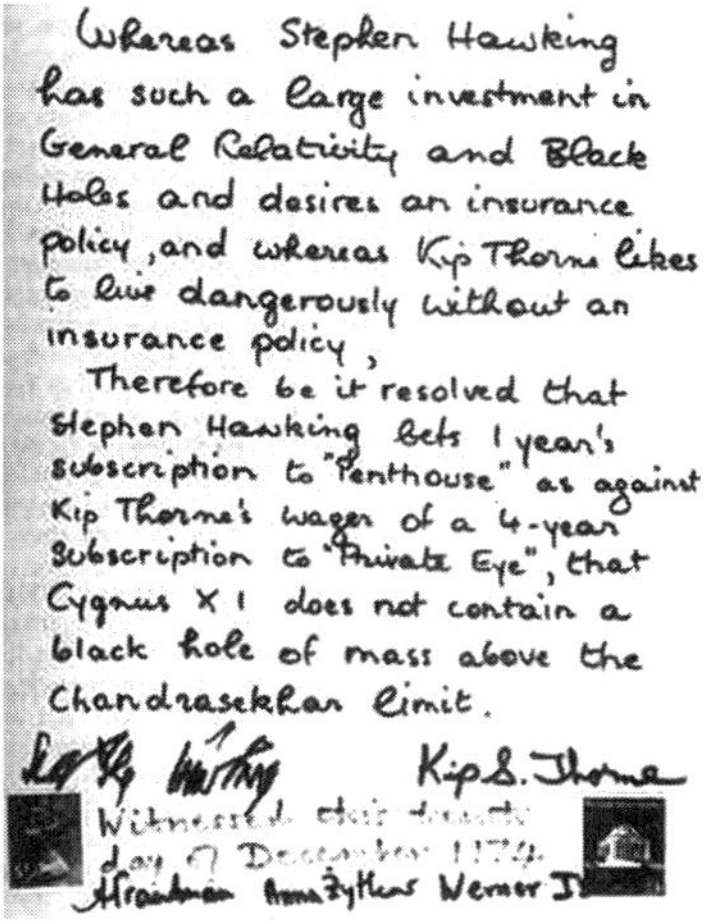
Whereas Stephen Hawking has such a large investment in General Relativity and Black Holes and desires an insurance policy, and whereas Kip Thorne likes to live dangerously without an insurance policy,

Therefore be it resolved that Stephen Hawking bets 1 year's subscription to "Penthouse" as against Kip Thorne's wager of a 4-year subscription to "Private Eye", that Cygnus X1 does not contain a black hole of mass above the Chandrasekhar limit.

Kip S. Thorne

Witnessed ... day of December 1974.

http://www.maths.soton.ac.uk/relativity/GRExplorer/bh/lmxb.htm より

図12

■ホーキング語録■　ブラックホール蒸発の論文を紛失されて

「ブラックホール蒸発の論文を提出し

た」編集部からは一年間、なんの返事もなかったので、私はいったいどうなっているのか手紙を書いてみた。すると彼らは論文を紛失してしまったと告白し、もう一度送るようにいってきた。この件の傷口を拡げたのは、彼らが1975年4月提出、という但し書きをつけて論文を出版したことだった。その日付では、私の発見が引き金となって発表された、ブラックホールの量子力学に関する大量の論文より、私の論文のほうが遅かったことになってしまう。(「ビッグバンとブラックホールについて」竹内訳)

第2章

ブラックホールだってしまいにゃ蒸発する

第1章は「宇宙は特異点から始まった」という衝撃的な結論で終わった。ホーキングの特異点定理は、理論物理学の狭い研究分野から離れて「時の始まりがあるのだから神の役割が確認された」という宗教的な解釈にまで拡がりをみせた。だが、特異点は「点」である以上、非常に小さいはずだ。（実際、それは大きさをもたない！）

そういったミクロの領域を扱うとき、物理学者は相対性理論とは別の基礎理論を用いる。それが「量子論」である。ホーキングは、まずブラックホールの問題に量子論をあてはめてみた。ただし、特異点そのものに量子論を適用するのではなく、その前哨戦として、まずはブラックホールの境界、すなわち「事象の地平線」に量子論を適用することになった。その結果は驚くべきものだった。物質を吸い込むだけで何も逃がさないと考えられていたブラックホールは、完全に黒いわけではなく、ちょっぴり灰色だというのだ。いいかえるとブラックホールは量子効果により「放射」するのだ。放射すると周囲にエネルギーが逃げるから、長い時間がたつうちにブラックホールはどんどん小さくなって、しまいには「蒸発」してしまう。

熱力学の第2法則の「レベル」

本章ではブラックホールと熱力学と量子論が重要な役割を演ずる。そこで、まず熱力学の話から入ることにしよう。

むかし大学の学部生だったころ授業で読んだ本が今でも忘れられない。その後、成城大学で自然科学概論を教えていたときにも授業中にとりあげたことがある。また、自分の著作のなかでも何度も引用している。

それはイギリスの作家C・P・スノーが1959年におこなったリード講演を活字にした『二つの文化と科学革命』という本だ。「二つの文化」とは理系と文系を指す。

スノー自身は文理両道をいく人だったが、自分の周囲の「知識人」たちを観察していて、そのあまりの断絶に驚きを禁じ得なかった。彼の周囲にいたのは高名な学者ばかりだったが、そこには理系と文系を隔てる深い溝があった。

本の中でスノーは次のような文系向け、理系向けの問いを発する。まず、レベル1の問いはこんな具合だ。

レベル1　理系向け「質量、加速度とは何か」
　　　　　文系向け「君は読むことができるか」

スノーによれば、この2つの問いは、同じレベルにあるのだという。理系の教育を受けたことのある人なら、誰でも「質量」とか「加速度」の意味を答えることができる。模範解答としては、こんな具合になるだろう。(あくまでもレベル1の解答ではあるが!)

「質量 m と加速度 a はニュートンの運動の法則 ($F = ma$) によって力と結びついています。物体に力が加わると質量に応じて加速度が生まれます。同じ力の場合、質量が大きいほど加速度は小さくなります。つまり、質量は『動きにくさ』という意味をもっているのです。また、加速度は、速度の時間変化にほかなりません。加速度がゼロならば物体の速度は一定のままですが、加速度があると物体の速度は刻々と変化するのです」

もしも私の授業でこのような解答が出てきたら満点を出すだろう。このほかにアインシュタインの話が出てきて、

「質量という概念は、アインシュタインの相対性理論ではエネルギーの一種になり、時空の湾曲

をつくり出す原因になります」

とか、

「アインシュタインの一般相対性理論では、加速度は重力と区別がつかないことが指摘されます」

などと書いてあったら、すぐにでも知り合いの物理学者に弟子入りさせるにちがいない。

とにかくニュートンの運動の法則さえ出てくれば80点は出すはずだ。

さて、驚くべきは、スノーが同じレベル1として挙げている文系向けの問いだ。文系の人間で字が読めない人はほとんどいないだろう（もちろんここでは健常者を念頭においている）。スノーがいいたいのは、質量とか加速度という概念は、理系の人間にとっては「いろは」のようなものだ、ということなのだ。

だが、文系の人のどれくらいが質量や加速度を説明できるだろう。あまり多くはないはずだ。そして、それこそが、文系と理系の深い溝というわけなのだ。

もちろん、文系の人を責めるばかりではいけない。このお話は、逆もまた真なり、なのである。理系の人の多くは専門書や論文は読むけれど、文系の人が常識として読んでいる古典や小説や詩や思想書をあまり読んでいない。

次にレベル2の問いに移ろう。

レベル2　理系向け「あなたは熱力学の第2法則を説明できますか」

文系向け「あなたは夏目漱石のものを何か読んだことがありますか?」

スノーはイギリス人なので原文では夏目漱石ではなく「シェークスピア」になっていたが、日本人には酷なのでアレンジしました。夏目漱石以外にも国民的大作家で文豪といわれる人なら誰でもかまいません。

いかがだろう?

たとえば『坊っちゃん』や『吾輩は猫である』や『三四郎』……とにかく文系なら、この明治の文豪の作品をひとつでも読んだことがあるにちがいない。

そして、文豪の作品を何かひとつ読んでいることと熱力学の第2法則が説明できることとは同レベルだというのである。

熱力学の第2法則を直観的に理解してみる

前振りが長くなったが、熱力学の第2法則は、こんなふうに説明することができる。

「孤立系のエントロピーは減少しない」

ことばの説明が必要だ。

まず「孤立系」というのは周囲と物質やエネルギーのやりとりのない系のことで、早い話が完壁な断熱材をつかって完全な気密状態になっている家みたいなもの。もちろん、窓や扉を開けたら周囲から空気や雨が入ってきてしまうから窓や扉もない。ちょっと怖い感じがするが、われわれの宇宙全体を考えれば、周囲との交流はないはずだから孤立系とみなすことが可能だ。

次に「エントロピー」だが、これは直観的には「乱雑さ」といっていい。たとえば氷と水と水蒸気を比べると、氷よりも水のほうが分子の配列や動きが乱雑で、水よりも水蒸気のほうが分子の挙動が乱雑なので、氷、水、水蒸気の順でエントロピーが高くなる。

エントロピーはきちんと計算することができる物理量だ。

たとえば絶対零度（摂氏約マイナス273度）ではあらゆる分子の挙動が停止するので、まったく乱雑さはなくなると考えられるから、絶対零度では物体のエントロピーはゼロになる。（ちなみに、絶対零度でエントロピーがゼロになることは、熱力学の第3法則と呼ばれている）

熱力学ではエントロピーの変化は「入ってくる熱の量を温度で割ったもの」として定義される。絶対零度でエントロピーがゼロの物体を「火で炙《あぶ》る」と物体は熱を受け取って次第に温度も上昇する。氷の詰まったアイスボックスに温度の高い缶ビールをつっこんで蓋《ふた》をしめよう。すると、缶ビールから氷に熱が移動して、アイスボックス全体としてエントロピーは増大する。

だが待てよ！　たしかに氷は乱雑になってエントロピーは増大したかもしれないが、缶ビールからは熱が出ていくからエントロピーは減少したはずだ。だとしたら、氷のエントロピーが増大したぶん、缶ビールのエントロピーが減少するから、アイスボックス全体としてみればエントロピーの損得勘定はゼロではないのか？

たしかに熱にだけ注目していると、右から左に熱が移動しただけだから、エントロピーは変化しないように思われる。だが、エントロピーは熱そのものではなく、熱量を温度で割ったものなのだ。そして、そもそも熱というのは温度の高い物体から低い物体にしか移動しないのである。だから、温度の高い缶ビールが失うエントロピーよりも温度の低い氷が獲得するエントロピーのほうが大きいのだ。（数字を使った例は巻末の参考文献をご覧ください）

いいかえると、2つの物体の間で熱が移動するとき、常にエントロピーは増大するのである。

缶ビールは孤立系ではない。氷も孤立系ではない。孤立系でないのなら、エントロピーは増えることもあれば減ることもある。だが、缶ビールと氷をひっくるめて考えれば、近似的にアイスボックスの世界は孤立系とみなすことができて、全体としてはエントロピーは増えるのだ。

別の例を考えてみよう。

人間は毎日食事をしてエネルギーを補給しながら生きている。人間の身体は上から食物を入れて、下から出すから、周囲と物質やエネルギーのやりとりをしている。ゆえに人間の身体は孤立系ではない。周囲と物質やエネルギーのやりとりを絶って人間の身体を孤立させることは可能だ。厚手の宇宙服を着せてヘルメットの顔の部分も黒く塗ってしまって空気も補給しなければ、宇宙服の中に残存していた空気と人間の身体は孤立系とみなすことができる。だが、そんなことをすれば人間は死んでしまって、その死んだ身体の温度の高い部分から低い部分へと熱が移動して、エントロピーは増大するだろう。

人間は常に周囲から空気を取り入れたり水を飲んだり食物を摂ったりしている。人間が周囲から取り入れる物質と周囲に出す物質を比べると、入ってくる物質よりも出ていく物質のほうがエントロピーは高い。つまり、「食べる」ことにより、人間は身体のエントロピーを低く保とうとしているわけだ。

3のエントロピーを食べて5のエントロピーをだせば、差し引き身体のエントロピーは2だけ減る。実際、汚い話で申し訳ないが、一般的に食べるもののほうが乱雑さが少なく、うんちのほうが乱雑ではありませんか！

ハイゼンベルクの不確定性原理

次にもうひとつの準備として量子論の話に入ろう。ここでは必要最低限の「不確定性原理」だけご紹介して、もっと詳しい「ファインマンの経路和」の話は第3章に持ち越すことにします。

不確定性原理は1927年にヴェルナー・ハイゼンベルクが発見した。それは、

「ある物理量と別の物理量が同時には決められない」

という内容をもっている。たとえば電子の位置と運動量（＝速度に質量をかけたもの）は同時には精確に決めることができない。電子は小さいので、その位置を精確に測ろうとすると、その動

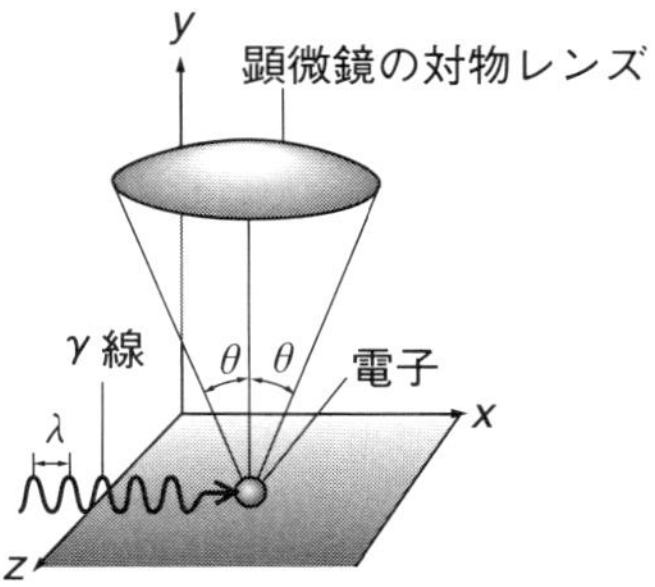

観測の際にγ線と電子が相互作用するために電子の位置と運動量を両方とも精確に決めることはできない。観測により電子の状態が変化してしまうからである。
「不確定性原理と量子革命　ハイゼンベルクが歩んだ道」別冊日経サイエンス148を参考に改変

図13　ハイゼンベルクの思考実験

きが変わってしまって、運動量が精確に測れなくなるのだ。

ハイゼンベルクは、電子をγ（ガンマ）線の顕微鏡で観察する、という思考実験を行って、不確定性原理を証明しようとした（図13）。

不確定性原理は日常生活の直観とは相いれない。たとえば、路上駐車をしている車の位置も運動量も両方同時に精確に測ることができる。だが、車の測定の精確さは量子論で問題となる測定精度とは桁がちがう。量子論であつかう水素原子は半径が0・053ナノメートル（＝0.000000000053メートル）、つまり1メートルの100億分の1のさらに半分くらいなのだ。そういったミクロの物体の位置の測定精度は大きさ数メートルといった「巨大」な物体の測定精度と一緒にはできない。

不確定性原理は、あらゆる物理量の間に課されるわけではない。たとえば位置 x と x 方向の運動量の間には不確定性が存在するが、位置 x と位置 y の間には不確定性はない。

物理学の発展とともに不確定になる物理量も増えてきた。たとえば「エネルギー」や素粒子の「数」や「宇宙の恰好」といったものまで不確定になってしまう。

ホーキングのブラックホール理論や宇宙論を理解するために、ここでは、とりあえず、量子論では「いろいろな物理量が不確定になる」ということだけ確認しておこう。

ブラックホールの面積は減少しない！

第1章でみたように、ホーキングは(量子論なしの)アインシュタインの重力理論の枠内で特異点が不可避であることを証明してみせた。だが、ホーキング自身、それがこの宇宙に「実在」するかどうかについては懐疑的だった。なぜなら、点のように小さい物体（？）やエネルギーを扱うには量子論が必要になるからだ。

それでは、特異点に量子論を適用してみればいいじゃないか、と思われるかもしれないが、話はそう簡単ではない。

２００５年の夏現在でも、アインシュタインの重力理論と量子論を完全に統合した理論は完成していない。だから、１９７０年の時点でホーキングが特異点に量子論を適用することは不可能だった。それをやるには、自ら量子重力理論をつくるしかないからだ。（第3章でこの問題に対するホーキング流のアプローチをご紹介いたします）

ブラックホールの熱力学と量子論を考え始めた当時を、ホーキング自身はこんなふうに振り返っている。

「一九七〇年以前には、私の一般相対論研究はおもにビッグバン特異点が存在したかどうかという問題に向けられていた。ところが、その年の一一月のある晩（私の娘ルーシーの生まれたすぐあとだった）、私はベッドに向かいながらブラックホールについて考えはじめた。ご存じのとおりの肉体的条件のために、私は寝室にたどりつくのにもかなり手間どるので、考える時間はたっぷりあった」（『ホーキング、宇宙を語る』１４５ページ）

それで、ホーキングがブラックホールの何を考えていたかというと、一方通行の境界線、すなわち「事象の地平線」についてである。

いったい、ブラックホールの周囲のどこからが「内側」でどこからが「外側」なのだろう？

今でこそ、（静止したブラックホールの場合）シュワルツシルト半径がブラックホールの内と外の境界線だ、ということでみんなの意見が一致しているが、当時はそのような完全なコンセンサスは存在しなかった。

特異点定理のときに「時間を逆送りにしてみたら」と考えたのと同様、今回もホーキングは閃きを得た。

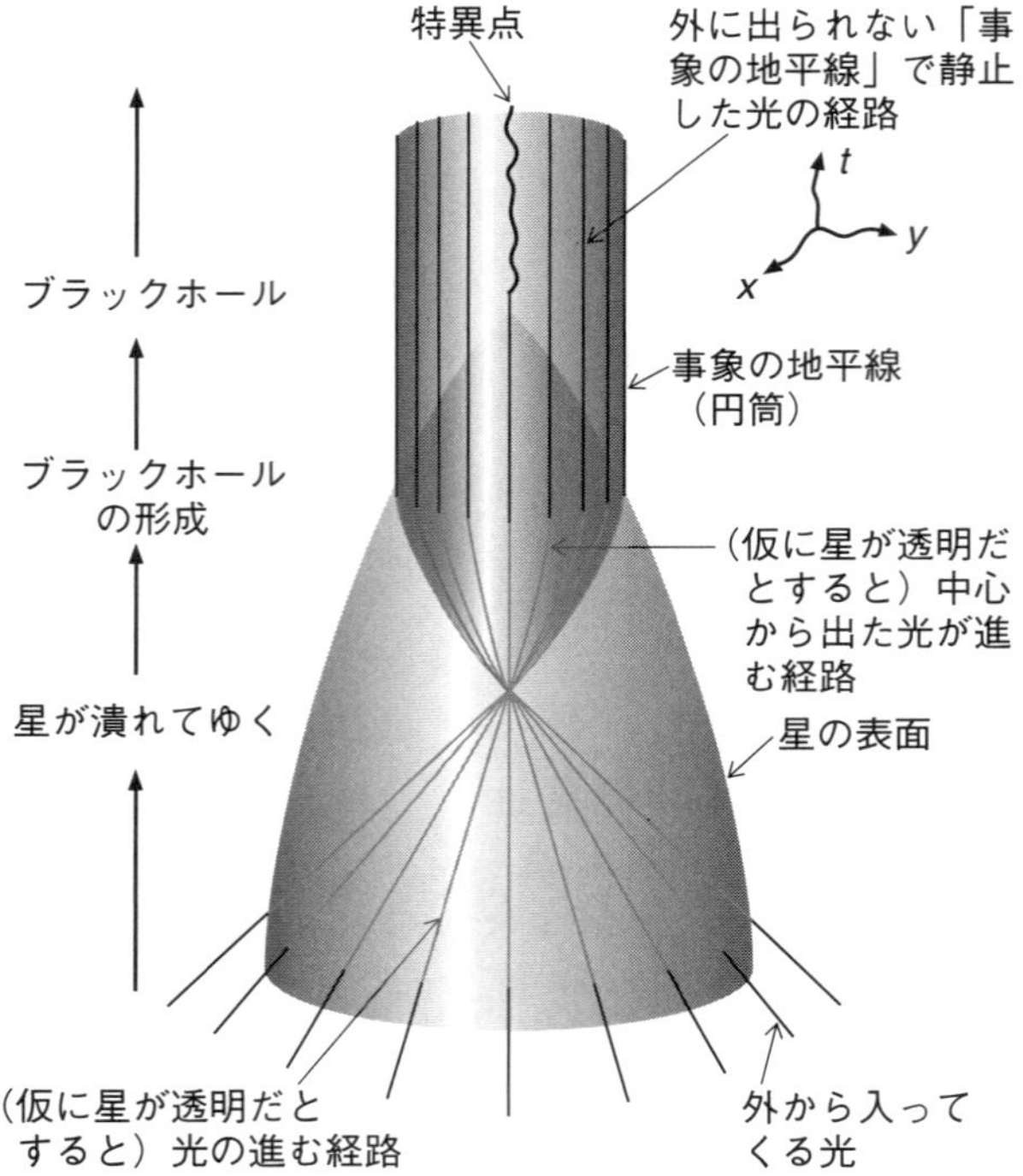

潰れてゆく星の表面と事象の地平線。これはブラックホールの時空図である。たくさんの線はすべて光の経路をあらわしている。これは最初ペンローズにより始められ、ホーキングの論文でも採用された方法で、あたかも星の表面が「透明」であるかのごとく描かれている。光の経路は時空図上では2つの円錐がつながった「砂時計」の恰好になるはずだが、事象の地平線ができた後は時間軸に平行に直立してしまう。つまり時間が経っても x、y 座標が変化しない。それは「凍りついた光」を意味する。
『Gravitation』Charles W. Misner, Kip S. Thorne, John Archibald Wheeler（W. H. Freeman）を参考に改変

図14　ブラックホールの時空図

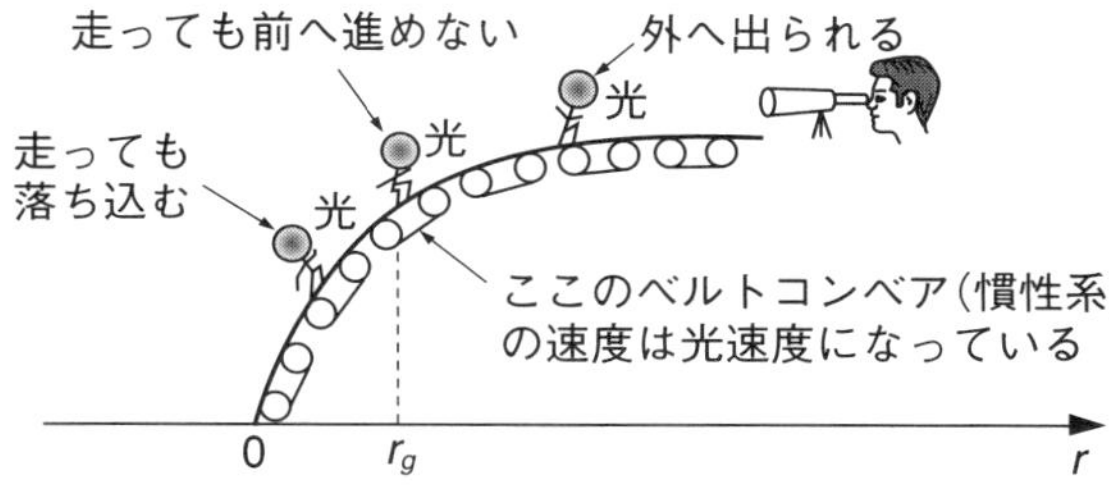

『相対論的宇宙論』佐藤文隆、松田卓也（講談社ブルーバックス）より

図15　空間が収縮するので光は外へ出られない

「ブラックホールの境界つまり事象地平を形づくるのは、ブラックホールからすれすれのところで逃げだしそこね、ちょうど縁のところを永遠にうろついている光が時空の中でたどる経路である。これは警官から逃れようとしているが、振り切ってしまうことができずに、かろうじて一歩先を走っている男に少々似ている！　このような光の経路はたがいにけっして近づかないことに、突然私は気づいた。（中略）事象地平すなわちブラックホールの境界を形づくっている光線がたがいにけっして接近しないのだとすると、事象地平の面積はいつまでも同じであるか、あるいは時間とともに増大するかのどちらかで、減少することはけっしてない」（『ホーキング、宇宙を語る』１４５〜１４７ページ）

ホーキングが何をいっているのかを理解するために図を見てみよう。これは時間経過を含めて描いた時空図である。（図14）

星が崩壊してブラックホールを形成するとき、その表面はどんどん収縮していって特異点になってしまうが、落ち込む

星の表面は、途中でシュワルツシルト半径をまたぐ。これが事象の地平線であるのは、それより内側では光の経路でさえも内側に曲がってしまって、外に脱出できないからである（図15）。シュワルツシルト半径のちょっと外側では光はかろうじて脱出できる。シュワルツシルト半径のちょっと内側では光は脱出できずに特異点へと向かう。それでは、シュワルツシルト半径ぴったりのところではどうなるだろう？

事象の地平線は、シュワルツシルト半径上の球面である。ツルツルな星の表面のようなイメージだ。時空図では3次元空間は表現できないから z 方向を省略して x 方向と y 方向だけを「空間」とみなす。だから球面のかわりに同じ半径の円周が事象の地平線ということになる。単に z 方向を省略しただけである。

この円周として表現された事象の地平線は時間方向にも「発展」する。過去の円周が現在の円周となり、やがて未来の円周になる。それは円周を時間方向になぞったものだから、時空図の上では「円筒」になる。

ポイント　事象の地平線は時空図の上では「円筒」であらわされる

この時空図上の円筒は（光円錐ならぬ）「光円筒」である。なぜなら、事象の地平線上から外部に光速で脱出しようとしても逃れられない、ということは、事象の地平線が光の径路そのものであることを意味するからだ。

円周から放射状に外宇宙に出ようとする光線は、重力によって引き戻されてしまい、円周から外に出られずに、円周上に止まったままになる。

喩えるならば、滝（＝ブラックホール）に落ちそうになってモーター全開（＝光速）で川上に向かって進んでいるのに、水の流れが急すぎて、かろうじてその場に留まっているような情況なのだ。

時空図上では、そうやって凍りついたたくさんの光は、それぞれの位置に静止して、時間だけが経つのだから、円筒上の縦線としてあらわされる。そして、この縦線どうしの距離は、決して近づくことがない。（もし近づいたら円筒の円周は減少して、事象の地平線の中に入ってしまう。それは単にブラックホールの中に落ちた光であり、もはや事象の地平線を形作っている「限界すれすれ」の光とはいえない！）

だが待てよ。このようにして円筒を形作る光の束どうしの距離はどのような物理的意味をもっているのだろう。いや、考えるまでもない。それは円周であり事象の地平線の「面積」そのものなのだ。だから、時空図上で凍りついた光どうしの距離が縮まらないということは、事象の地平線の面積が決して減少しない、ということを意味するのである。

ポイント　事象の地平線を「つくっている」光のふるまいから、その面積が減少しないことがわかる

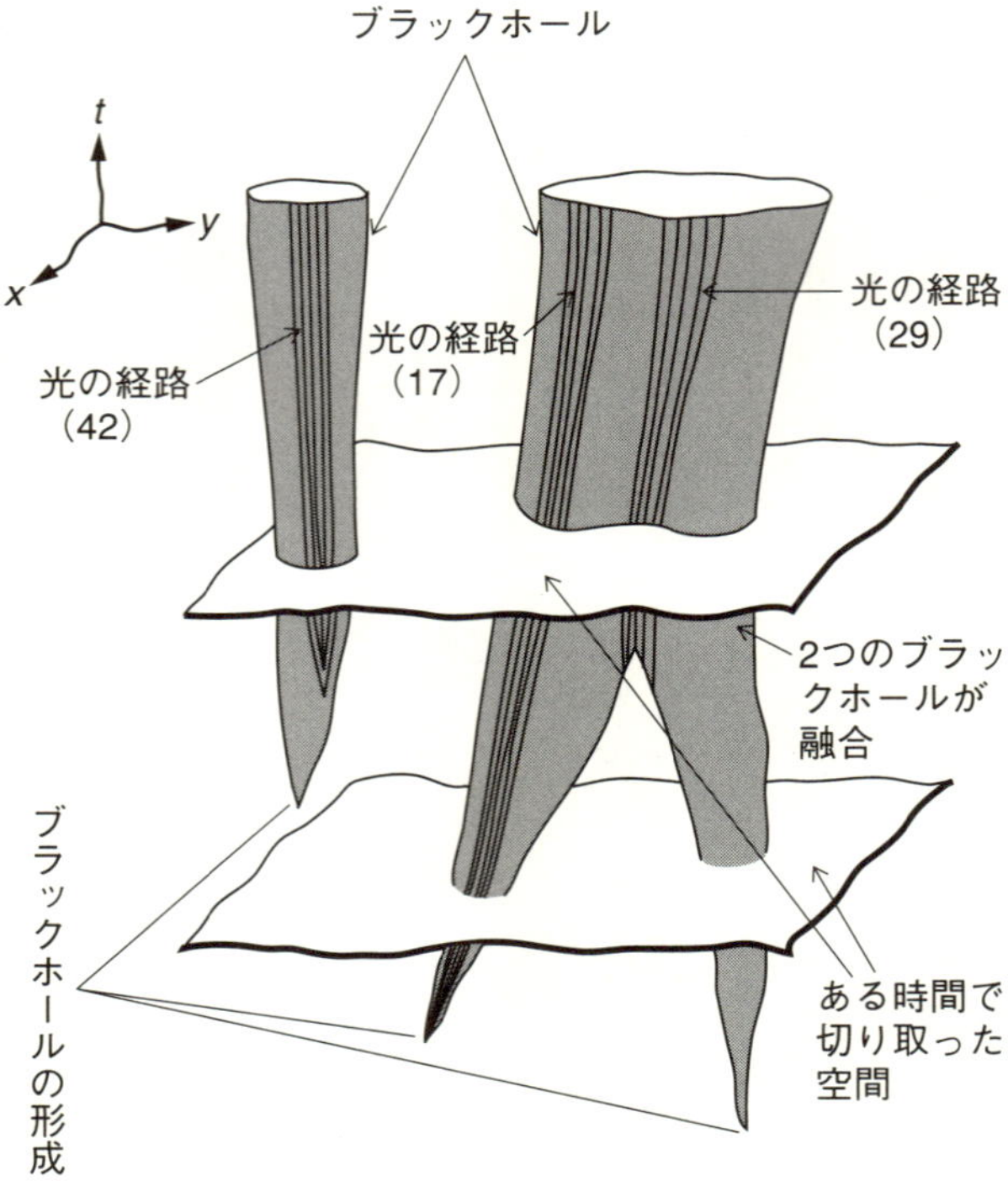

木の根っこに見えるが、図14の「鉛筆」に見える部分を図式的に描いたもの。左のブラックホールには周囲から物質が落ち込んで面積（円周）が増大する。右のブラックホールは2つの小さなブラックホールが融合して総面積が増大する。42番、17番、29番という番号のついた光の束は、みな拡がることはあっても決して近づくことがない
『Gravitation』（前掲書）を参考に改変

図16　事象の地平線の面積は減少しない

ちなみに、ホーキングの論文には、この証明のための参考図が出ている。（図16）

ここで、左の図は星が崩壊してブラックホールが1つできた様子をあらわし、右の図は2つのブラックホールが衝突して融合して新たなブラックホールになった様子をあらわしている。いずれの過程においても、光どうしの空間距離（＝筒の円周）は、時間とともに減少することはない。もちろん、ブラックホールが融合したときには円周は長くなる。いいかえると、

「ブラックホールが融合すると新しい事象の地平線の面積は増大する」

ことになる。

また、ブラックホールに物質や光が落ち込むと、その質量は増え、それにしたがってシュワルツシルト半径は増大する。

すれすれのところで警察に捕まらずに逃げつづける泥棒どうしがぶつからない、というホーキングの比喩が理解しやすいかどうかは別として、「光の径路はたがいにけっして近づかない」という物理的な直観からブラックホールの面積定理を証明してしまったのは、ホーキングの面目躍如といったところだろう。まさに天才の閃きなのだ。

さて、当時、プリンストン大学の大学院でジョン・ウィーラーの指導を受けていたジェイコブ・ベケンスタインは、このホーキングの発見を耳にするや、非常に興味深い仮説を打ち出した。それは、

「ブラックホールの表面積はエントロピーを意味するのではないか」

という奇抜なアイディアであった。

コラム

アインシュタインの場合、ホーキングの場合

これはいろいろな人が指摘していることだが、天才の天才性が花開くには、それなりの条件がないとだめらしい。

アインシュタインの場合は、本人の希望に反して、大学に就職できずに特許庁の審査官になったことが幸いしたといわれている。もちろん、忙しい仕事に就いてしまったら、ゆっくりと研究に打ち込むことなどできない。だが、アインシュタインの勤め先の仕事は、（少なくともアインシュタインにとっては）楽な仕事だった。アインシュタインは、はからずも、自分の興味にしたがって思う存分研究にいそしむことができたのだ。

大学のほうが研究ができると思われるかもしれない。だが、そうは問屋が卸さないのである。大学で研究するためには、まず、たくさんの論文を出さないといけないし、指導教官の御機嫌もとらないといけないし、研究とは無関係の雑務をこなさないといけないし、学生の教育にもかかわらないといけないからである。忙しくて、肝心の研究がお留守になってしまうことも多い。自分が本当に重要だと思っている研究に集中できないのである。

ホーキングの場合は、ＡＬＳに罹ったため、大学に残ったけれども雑務は押し付けられず、学生の教育も（自らの大学院生以外は）まかせられず、ましてや論文の量産も期待されなかった。

つまり、ホーキングは、難病に罹ったがゆえに、自分の興味ある研究課題に明晰な頭脳の全能力を集中させることができたのだ。

禍福はあざなえる縄のごとしというが、どうやら、天才には、熟成期間が必要なようです。

ブラックホールに毛がないとどうなる

ベケンスタインの仮説は、

1　エントロピーは増大する
2　ブラックホールの表面積も増大する
3　ゆえにブラックホールの表面積はエントロピーを意味する

という論法である。もちろん、これだけでは、単なる乱暴な憶測にすぎない。なぜなら、同様の論法を用いれば、時間もエントロピーになるだろうし、日本国の借金も（増え続けるものはみんな！）エントロピーということになる。

さて、ベケンスタインのお師匠さんのジョン・ウィーラーはプリンストン大学の伝説的な物理学者で相対性理論の大家であった。（第3章に登場するリチャード・ファインマンの先生でもあ

った）

ベケンスタインは、ある日、師匠の部屋でブラックホールについて論じていた。すると、ウィーラーがこんなことを言い出したのである。

「ブラックホールに落ちた物質のエントロピーはどうなるのかな？」

ウィーラーはアイディアに富んだ人物で、このときも本気で考えていたのか、単なる思いつきだったのか、さだかでないが、ベケンスタインは、

「さあ、ブラックホールは吸い込むばかりで何も出てきませんから、消えるのでは？」

と答えた。

ウィーラーは、さらに続けた。

「そう、ブラックホールには毛がないから、エントロピーはなくなってしまう。でも、それじゃ、熱力学の第2法則に反しておらんかね？」

ベケンスタインは考え込んでしまった。

ことばの解説が必要だ。ブラックホールには毛がない、というのは立派な物理学の定理である。


ブラックホールには毛がない定理　ブラックホールは質量と電荷と角運動量だけによって特徴づけられる

そのココロは、ブラックホールになる前の星には、元素の比率を始めとしたさまざまな特徴（＝毛）があって、他の星と区別することができたが、いったんブラックホールになってしまうと、禿げてしまって、質量と電荷と角運動量という特徴だけしか残らなくなる。（角運動量というのは「回転の勢い」のことである）

オバケのQ太郎と同じでまったく毛がないわけではなく、3本ばかし残っているような気がするが、とにかく、ブラックホールは生前の特徴のほとんどを失ってしまう。

ちなみに、シュワルツシルトのブラックホールは、電荷もなく、回転もしていないので、物理的な特徴は質量だけで、毛が1本しか残っていない状態。

また、余談だが、この定理は、われわれの4次元時空のブラックホールにしかあてはまらず、もっと高い次元になると「毛のない定理」はなりたたなくなる。

さて、ようするにウィーラーが言いたかったことは、

「ブラックホールは宇宙のゴミ箱みたいなものだから、そこに物質が落ちると、物質がもっていたエントロピーは消えてなくなってしまうゾ」

というパラドックスなのだ。

ブラックホールと落ちる物質は孤立系とみなすことができる。熱力学の第2法則によれば、孤立系のエントロピーは減少することがない。一定のままか増大することになっている。ところが、ブラックホールが「エントロピー消去マシン」としてはたらくのであれば、孤立系のエントロピ

ーが例外的に減少することになる。はたして、ブラックホールは、熱力学の第2法則を破っているのだろうか？

もし破っているとしたら大変だ。なぜなら、熱力学の第2法則に反例があることになり、法則自体が無効になってしまうからだ。また、熱力学の第2法則には、

「熱をすべて仕事に変えることはできない」

という言い方もあって、周囲から熱をもらうだけで動くような永久機関がつくれないことを意味するのだが、もしもブラックホールが第2法則を破っているとすると、ブラックホールを使うことによって永久機関をつくることが可能になる。そうなったらエネルギー問題なんて消えてなくなってしまう。

まさに国家や宇宙の命運を握るパラドックスなのである。

ウィーラーはブラックホールに落ち込む物質のエントロピーだけに注目していたが、ベケンスタインは、ブラックホールまでも含めたエントロピーを考えた。そんなとき、ホーキングの論文がでて、ブラックホールの面積が減少しない、ということがわかったのだ。

渡りに船とはこのことで、ベケンスタインは、ホーキングの結論に飛びついた。そして、

1　ブラックホールの事象の地平線の面積はエントロピーを意味する

2　ブラックホールの事象の地平線の重力は温度を意味する

という仮説を発表したのだ。

この仮説が正しければウィーラーのパラドックスは氷解する。なぜならば、物質とブラックホールを孤立系とみなした場合、たしかに物質のエントロピーはブラックホールに落ちて外からは「見えなくなる」が、そのぶん、ブラックホールの面積（＝エントロピー）が増大するから、系全体としてはエントロピーは減少しない。ブラックホールのエントロピーまでも考慮すれば、熱力学の第2法則は救われる。

このベケンスタインの主張に対するホーキングの反応は興味深い。ホーキングは、すぐさま、ベケンスタインの主張に「反論」することにした。

「これには致命的な欠陥が一つあった。ブラックホールにエントロピーがあるとすれば、温度もなければならない。そして、特定の温度をもつ物体は、その温度に見合った速さで放射を行なうはずである。火かき棒を火の中で熱すれば赤熱して放射を行なうことはありふれた経験だ。しかし低温の物体もやはり放射を行なっている。放射の量がごく小さいために、通常それに気づかないだけのことである」（『ホーキング、宇宙を語る』151ページ）

「致命的な欠陥」というのはかなり強い表現である。実際、ホーキングは、ベケンスタインの論文を読んで激怒したという。ホーキングは、頭にくると電動車イスで相手の足を轢《ひ》いてしまう、という逸話がたくさん残っているが、もしもこのときベケンスタインがホーキングの前にあらわれていたら、ホーキングは、まっしぐらにベケンスタインの足めがけて突進していたであろう。

しかし、なぜ、ホーキングはベケンスタインに対して怒りをあらわにしたのだろう？　このときの心境について、彼はこう語っている。

「一九七二年に、私はブランドン・カーター、それに同僚のアメリカ人ジム・バーディーンとともに論文を書いて、エントロピーと事象地平の面積との間には多くの類似性があるとはいえ、いま述べたような明らかに致命的な困難があることを指摘した。この論文を書いた動機が、一つにはベケンスタインに腹を立てたからであったことは、認めないわけにはいかない。事象地平の面積の増大に関する私の発見が誤用されたと感じたのだ。しかし、最終的に判明したのだが、彼は基本的には正しかったのである。ただ、彼自身まるで予想していなかったかたちでではあるが」

（『ホーキング、宇宙を語る』152ページ）

特異点定理のときのリフシッツとハラトニコフもそうだったし、そのときのコンペの他の論文に対する評価もそうだったが、ここでもホーキングは、他の研究者に対して過敏ともいえる反応を示している。

ホーキングの研究は、まるで喧嘩、いや、むかしの武士の真剣勝負を思い起こさせる。とにかく相手を斬ってしまう。そうしなければ厳しい生存競争に生き残ることなどできない。

孤高の天才の内部には、もしかしたら、われわれ常人には計り知ることができない熱い血がたぎっているのかもしれない。

一点だけ補足しておこう。

ベケンスタインの主張は基本的に正しかった。今ではどんな物理学者も「ブラックホールの面積はエントロピーそのものだ」と信じて疑わない。だが、ベケンスタインの仮説が広く受け入れられるためには、もう一歩、致命的な欠点を埋めなくてはいけなかったのだ。ホーキングは、自分がその穴を埋めたんだゾ、と高らかに宣言しているのである。

ブラックホールは蒸発する！　ホーキング放射の発見

いったんはベケンスタインを撫で切りにしてしまったホーキングだが、次第に落ち着きを取り戻し、自分の主張を「修正」してゆき、あらたな理論の地平を切り拓くことになる。

ホーキングは1973年にモスクワを訪問した。そこで、ヤーコフ・ゼリドヴィッチとアレクセイ・スタロビンスキーという物理学者たちとブラックホールについて議論した。この二人は、ホーキングに、回転しているブラックホールの周りでは量子力学の不確定性により粒子が生成される、ということを納得させた。

イギリスに帰ったホーキングは、彼らの使っていた数学手法が気に入らなかったので、自分の方法を用いて計算をたしかめることにした。すると、どうやら、回転していないブラックホールの周辺でも粒子が生成されることに気がついた。

「ブラックホールは、あたかもその質量に依存するある温度をもった熱い物体であるかのように、

粒子と放射を放出するはずだ（中略）そして質量が大きいほどその温度は低い」（『ホーキング、宇宙を語る』153ページ）

シュワルツシルト半径はブラックホールの質量に比例する。だとしたらブラックホールの面積は（半径の2乗なので）質量の2乗に比例するだろう。すると計算によりブラックホールの温度は質量に反比例することがわかるのである。つまり、熱いブラックホールは軽く、冷たいブラックホールは重いのである。（計算は巻末の参考文献をご覧いただきたい）

ホーキングは、さらに計算を進めて、ある温度をもつブラックホールが周囲に熱を放出する割合を求めることに成功した。ブラックホールを家庭用の電球に見立てるのであれば、ようするに「ブラックホールのワット数」を算出したのである。それによれば、ブラックホールのワット数は質量の2乗に反比例する。

この「ホーキング放射」の意味をまとめてみよう。

1　重いブラックホールは冷たくワット数も小さい

2　軽いブラックホールは熱くワット数が大きい

通常、星が崩壊してできたブラックホールは（最低、太陽の1・4倍の質量が必要なので）重いから、非常に冷たいことになる。具体的には絶対零度より1000万分の1度くらい上という程度だ。宇宙の温度は絶対零度より2・7度くらい上であることがわかっている。つまり、通常のブラックホールはその周囲の宇宙の温度より圧倒的に冷たいことになる。だから、周囲から吸収する熱のほうが放射する熱よりも大きい。だが、宇宙が膨張を続けると宇宙の温度はどんどん下がってゆくので、遠い将来、通常のブラックホールの温度は宇宙の温度を上回ることになるだろう。すると、その時点から、熱の流れは逆転し、ブラックホールは周囲の空間に熱とエネルギーを放出し始める。周囲にエネルギーを失うにつれてブラックホールは軽くなる。ブラックホールは熱くなり放出するワット数も大きくなる。

そうやって、ほとんど絶対零度に近い宇宙空間の中で、ブラックホールだけがどんどん熱くなって、大きなワット数でエネルギーを放出し続け、しまいには質量ゼロになって「蒸発」してしまう。

周囲のものを吸い込むばかりで光でさえも脱出できないはずのブラックホールが、エネルギーを放出して、最終的には消えてなくなるというのである。ある意味、驚くべき予言だが、素朴な疑問が残る。

光でさえも脱出できないのに、ブラックホールは、どうやって「放射」できるのだろう?

もちろん、その答えは基本的にはゼリドヴィッチとスタロビンスキーが与えてくれている。それは量子論の不確定性が原因なのだ。

ブラックホールの量子論

量子論ではいろいろと奇妙なことが起きる。そういった現象の背後にあるキーワードは「不確定性」だ。

ホーキング放射のメカニズムは次のようにして理解することができる。

1　シュワルツシルト半径の近辺で粒子と反粒子が生成される
2　そのどちらかがブラックホール内に落ち込む
3　残されたほうが遠方へ逃げてゆく

ここでいう粒子と反粒子はともに「量子」なのだが、反対の電荷をもっていて、短い時間だけ存在して、やがて衝突して消えてしまう。水面の泡《あぶく》のような存在なので「仮想粒子」と呼ばれている。仮想は英語ではバーチャル（virtual）なので、まさにバーチャルな粒子どもなのだ。もともと物質がなかったところに、なぜ、忽然《こつぜん》と粒子と反粒子のペアが生成されるのだろう？

無から有が生まれるなんて可能なんだろうか？

その鍵を握るのが「エネルギーと時間の不確定性」だ。

粒子のエネルギーを測定するのには必ず時間がかかってしまう。エネルギーを精確に測ろうとすると長い時間が必要になるし、時間を短くして早く測定を切り上げようとするとエネルギーの値は精確でなくなる。エネルギーと時間とは、「あちらを立てれば、こちらが立たず」という不確定性の一例だ。

本来、真空はカラッポのはずで、何も存在しない。だが、エネルギーと時間の不確定性により、きわめて短時間であればエネルギーが「ゆらぐ」ことが可能なのだ。ただし、たしかに無から有は生まれないので、エネルギーの保存則はなりたたないといけない。この条件をクリアするには、生成される粒子が1つではだめだ。真空のエネルギーはゼロだから、そのゼロを保ちつつ、エネルギーがゆらいでゼロからズレることは不可能だからである。だが、粒子が2つあったらどうだろう。2つあれば、エネルギーの保存則を破らずにゆらぐことが可能だ。一方がプラスにゆらいでも一方がマイナスにゆらげばいいからである。

イメージとしては静かな湖面の一ヵ所が、一瞬、上にゆらいで、そのすぐ隣が下にゆらいで、湖面に小さな山と谷をつくるような感じだ。だが、その山と谷は次の瞬間には消えてしまい、ふたたび静かな湖面が拡がる。

つまり、エネルギーの上下の幅が、量子論で許容される「ゆらぎ」もしくは「不確定性」なのである。

実をいえば、生成される2つの粒子は、エネルギーが同じ大きさで符号が逆という条件だけではだめで、同時に電荷の保存則なども充たさないといけない。だから、同じ粒子が2つではなく、正反対の属性をもつ反粒子とペアを組まないといけない。

反粒子ということばは馴染みがないかもしれないが、たとえばマイナスの電荷をもつ電子とプラスの電荷をもつ陽電子とは互いに反粒子ということになるし、クオークにも電荷の符号が逆の反クオークがあるし、原子核をつくっている陽子にも反陽子がある。粒子と反粒子とは質量は同じだが電荷が逆なのである。

ひとつ問題になるのが、光子や（3つのクオークからできた）中性子のような電荷をもたない粒子だ。そもそも電荷がゼロなのだから、電荷の符号を逆にしてもゼロであろう。それでは、光子や中性子には反粒子は存在しないのだろうか？

まず、光子の反粒子は光子自身なので、反粒子はないといっていい。光子はかなり特別な存在だ。

次に、中性子の場合は、反粒子が存在する。たしかに電荷をもたない粒子の場合、電荷が「逆さ」になっていることはわからない。また、質量は同じなので、外見上は完全に同じ粒子に見える。だが、もちろん区別は存在する。それを調べるには「ぶつけて」みればいいのである。粒子どうしがぶつかっても爆発しないが、粒子と反粒子がぶつかると爆発してγ線（＝光子）やその他の素粒子になってエネルギーが散逸する。

中性子の場合は、現在では、本当の素粒子ではなく、3つのクオークからできた複合粒子であることがわかっている。中性子を構成しているのは3つのクオークであり、反中性子をつくって

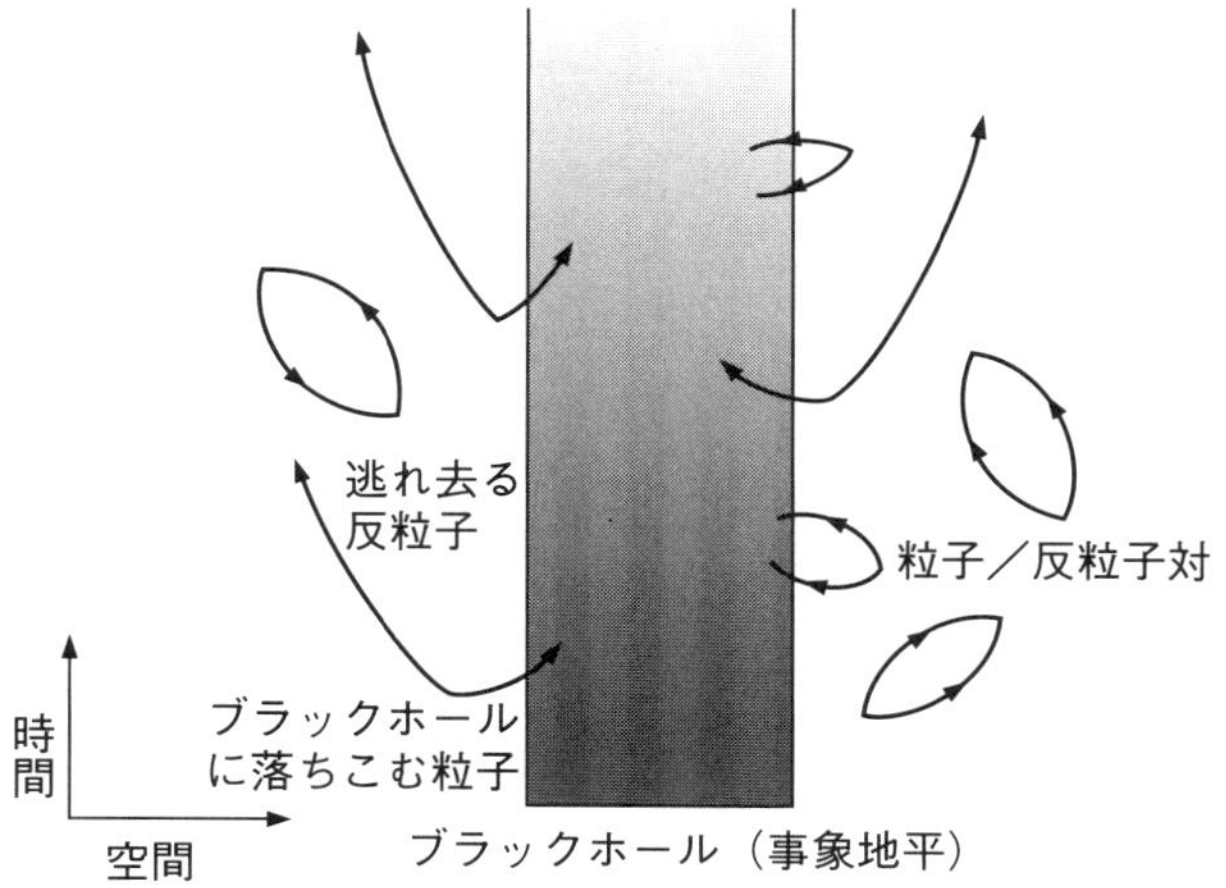

ブラックホールの事象の地平線とその周囲で生成（消滅）する量子の時空図。何もない「真空」から２本の矢印が生まれるのが粒子と反粒子の生成を表す。それはブラックホールから離れた場所では、ふたたび一緒になって消滅してしまう。事象の地平線付近では、片方だけが吸い込まれて、もう片方が実粒子となって宇宙空間へ逃れることができる
『ホーキング、宇宙を語る』スティーヴン・W・ホーキング、林一訳（ハヤカワ文庫NF）を参考に改変

図17　ブラックホールのホーキング放射

いるのは3つの反クオークなのだ。クオークと反クオークは反対の電荷をもっているので、中性子の場合、「中身」を調べてみれば粒子なのか反粒子なのかが判明する。

さて、こうやって不確定性により同時に生成された粒子と反粒子だが、両方ともシュワルツシルト半径の外にあれば、一瞬ののちに衝突して消え去ってしまう。

だが、ごく稀に片方がシュワルツシルト半径の外、もう片方が半径の内側で生

成されることもあるだろう。その場合、内側にできたほうはそのまま特異点に向かって落ちてゆくしかない。残された外側の粒子は、自分ひとりでは消えることができないので、なかば強制的に独り立ちを余儀なくされる。これを遠方から見ていると、あたかもブラックホールから粒子(あるいは反粒子)が単独で「放射」されたように見えるのだ。

ここで、外に逃げてゆく片割れは、粒子のこともあれば反粒子のこともある。また、光子が2つ生成されて片方が逃げてゆくこともある。電子と陽電子など、いろいろな種類の粒子や反粒子が生成されて、その片方はブラックホールに落ち込み、残されたほうが「ホーキング放射」として外部で観測されることになる(図17)。

さて、以上の説明には、実は、ちょっと端折《はしょ》った部分がある。お気づきになっただろうか?

実は、このような説明では、ブラックホールの内側に必ずマイナスのエネルギーの粒子または反粒子が生成され、外側に必ずプラスのエネルギーの粒子または反粒子が生成されないとまずいことになる。なぜなら、実在の粒子または反粒子は常にプラスのエネルギーをもっているからだ。周囲に逃げる粒子または反粒子は、やがて観測器にかかるかもしれないが、そのとき、エネルギーはプラスでないとまずい。

逆のパターンは起こらないのだろうか？　ブラックホールの内側にプラスのエネルギーの粒子または反粒子ができて、外側にマイナスのエネルギーをもった片割れが生成されることはないのだろうか?

実は、そこに「重力」が関係してくるのだ。

まず、比喩的な説明で準備をしておこう。ここで起きていることは、まるで短期返済の少額の金の貸し借りのようなものだ。消費者金融から一時的に1万円を借りたとする。最近はやりのノーローンにしよう。1週間以内に返済すれば利子はつかない。消費者金融をブラックホールだと考える。借り手はブラックホールの外で借りて、1万円は実在のお札である。そのとき消費者金融の内部にはマイナスの1万円がある勘定になる。ブラックホールの重力は引力だけだが、それは消費者金融が個人にお金を貸すだけなのと同じだ。

あくまでも比喩である。細かいことは忘れてください。(実際、みんながノーローンだったら消費者金融は商売がなりたたない!)

重力場が存在するために、ブラックホールの内側の粒子または反粒子はマイナスのエネルギーになって、首尾よく逃げ出すほうはプラスのエネルギーをもつ仕組みになっているのだ。

ホーキング自身は、こんな具合に説明してくれている。

「重い物体の近くにある実在粒子は、遠方にあったとしたときにくらべてエネルギーが小さい。それは、物体の重力にあらがってその粒子を遠方まで運んでいくためのエネルギーが与えられていなければならないからである。小さいといっても通常、粒子のエネルギーは依然正であるが、ブラックホールの内部の重力場はきわめて強いので、その中では実在粒子さえも負のエネルギー子がその中に落ちこんで、実在の粒子あるいは反粒子になることも可能である。その場合には、もう相棒と消滅しあわねばならないということはなくなる。一方、見捨てられた相棒がそのあとを追って同じくブラックホールに落ちこむこともあるだろう。しかし、相棒は正のエネルギーをもっているので、実在の粒子あるいは反粒子としてブラックホールの近傍から逃れ去ることも可能である」(『ホーキング、宇宙を語る』154~155ページ)

いかがだろう?

頭が混乱してしまった読者のために一言付け加えておこう。ノーローンの消費者金融の比喩は、「ホーキング放射」のメカニズムは、このように、本当はかなり難しいものなのである。

それなりに的を射た説明になっている。だから、あの説明で「わかった」と思ったなら、少なくとも、あなたはホーキングのアイディアは正しく理解しているのである。

それにしても天才は考えることがぶっ飛んでるねぇ。脱帽です。

(注:ここでは比喩を交えて、それなりに精確な説明をするよう心がけたが、数学が得意な読者には不満が残ったかもしれない。ほんの少しだけ数式で説明してみよう。もともとエネルギーの測り方は時空の曲がり方に依存する。前に出てきたが、ブラックホールの場合、その時空の曲がり方は、ピタゴラスの定理が、

$$ds^2 = -\left(1-\frac{2M}{r}\right)dt^2 + \frac{1}{\left(1-\frac{2M}{r}\right)}dr^2$$

という形になることだった。ここで注意していただきたいのは時間方向のふるまいである。事象の地平線は $r = 2M$ にある。それより外では、時間方向の符号はマイナスで、それより内側では、時間方向の符号はプラスになる。もともとエネルギーというのは「時間方向の運動量」という意味をもっている。時間方向の符号が事象の地平線の内外で「逆」になるため、事象の地平線の内外でエネルギーの符号が「逆」になってもいいのだ。

事象の地平線の内外で「時間」の符号が逆になるので、「時間方向の運動量」すなわちエネルギーの符号も逆になっていい。これがホーキングが言っている「ブラックホールの内部の重力場はきわめて強いので、その中では実在粒子さえも負のエネルギーをもつことができる」ということの数学的な意味である)

コラム

世の中にはさまざまな「電荷」がある

粒子と反粒子の説明で電荷がゼロの場合、光子のように反光子が存在しない場合と中性子のように反中性子が存在する場合の差はいったい何か?

本文中では中性子をさらに細かく分けて、中性子をつくっている部品のクオークで説明してみた。

だが、なんとなくしっくりこないかもしれない。

実は、日常生活における「電荷」ということばは物理学ではもっと一般化されて、電磁力以外にもさまざまな電荷が存在するのである。

今のところ宇宙には4つの力が存在すると考えられている。

1 強い力(原子核を糊づけする)
2 電磁力(お馴染みの電気や磁気の力)
3 弱い力(ニュートリノなどが関与する)
4 重力(あらゆるエネルギーにはたらく万有引力)

「電荷」というのは、もともと、この4つの力がはたらく強さのことなのだ。だから、ふつうの電荷（電磁力の電荷）のほかに「強い電荷」や「弱い電荷」というのもある。

粒子と反粒子は、このようなすべての一般化された「電荷」の符号を逆さまにした関係にあるのだ。（ただし重力だけは例外）

光子の場合、電磁力の電荷がゼロであるだけでなく、強い電荷も弱い電荷もゼロなので、反光子は光子自身ということになるのである。

ミニブラックホールは観測されるか

ホーキング放射が非常にインパクトのある予言であることはわかったが、実際にブラックホールが消滅することなんてあるのだろうか？　いいかえると、それは天文観測によって実証できるのだろうか？

宇宙の年齢は137億年くらいだということがわかっている。それは、

10000000000年

とゼロが10個つく程度の大きさだ。

太陽の数倍の質量をもったブラックホールは、宇宙がさらに膨張して、宇宙の温度が（絶対温度で）1000万分の1度くらいまで下がって初めて蒸発のプロセスに入る。そして、計算によれば、完全に蒸発するまでには、なんと

10000000000 0000000000 0000000000 0000000000 0000000000 0000000000 000000年

もかかるのだ。（ゼロが66個！）

つまり、宇宙開闢《かいびゃく》以来、通常型のブラックホールが蒸発した可能性はゼロだといっていい。

だが、ひとつだけ可能性がある。（燃焼し終わった星が自らの重力で潰れてできる）通常型のブラックホール以外の別種のブラックホールを見つければいいのである。

もともと宇宙の中の星や銀河といった構造は、初期宇宙における量子的な不確定性による密度の「ゆらぎ」が種となったと考えられている。種は、その後、重力によってさらに成長して、今のような複雑な構造をつくったのだと思われる。

その初期宇宙の量子ゆらぎが、ある程度の大きさになったときに自らの重みに堪え兼ねて潰れてしまった可能性がある。だとしたら、宇宙のきわめて初期の段階で大量の「ミニ」ブラックホールが生成されたかもしれない。そのような小さなブラックホールは比較的軽いので、温度が高く、ワット数も大きい。それは光り輝くブラックホールであり、今このときにも宇宙のどこかで

最期の瞬間を迎えているかもしれない。

　ホーキングがノーベル賞を取るかどうかは非常に微妙な問題だが、原初のミニブラックホールが夜空のどこかで淡い閃光を発する瞬間が望遠鏡に記録されたならば、まちがいなくノーベル物理学賞を受賞することになるだろう。

　第2章の最後にホーキングのさらなる予言をご紹介したいと思う。

「ブラックホールは、その内部にあるかもしれない宇宙飛行士や特異点もろともに、少なくともわれわれのいる宇宙のこの領域からそっくり消滅してしまうというのが、もっともありそうな結末のように見える。これは、一般相対論の予測する特異点を量子力学が除去するかもしれないことを示す最初の徴候であった」（『ホーキング、宇宙を語る』164ページ）

　これは「情報のパラドックス」といわれる問題へとつながった意味深長な発言である。ブラックホールが蒸発するとき、それは、自らの内部に貯め込んでおいた情報もろとも雲散霧消するのであろうか？　それとも、ブラックホール内に落ち込んだ物体がもっていた情報は、なんらかの形で元の宇宙空間へ戻されるのであろうか？

コラム

世紀の賭け2　ホーキング対ソーン、プレスキル

前章のコラムでホーキングが「白鳥座にブラックホールがあるかどうか」という賭けに（わざと）負けた逸話をご紹介した。

次なる賭けはキップ・ソーンのほかに量子物理学者のジョン・プレスキルが加わって1991年におこなわれたもので、「裸の特異点は実在するか」というのが争われた問題だった。（図18）

ホーキングは特異点定理を証明したものの、実際にそれを「見る」ことは不可能だと考えた。アインシュタインの重力理論だけで量子論を考慮に入れないのであれば特異点は存在するが、現実の宇宙では量子論が重要な役割を果たすので、特異点は物理的に存在できないと信じていたのである。

ところが、ジョン・プレスキルとキップ・ソーンは、ともに量子重力理論においても特異点は存在し、なおかつ「見る」こともできると考えたのだ。

いくつかことばの解説をしておこう。

まず、ホーキングは「裸の特異点」といっている。それから「アナテマ」ということばも登場する。さらには「地平線」という文句もでてくる。

宇宙論に登場する「地平線」ということばは細かくいうと2種類ある。ひとつは「物質の地平

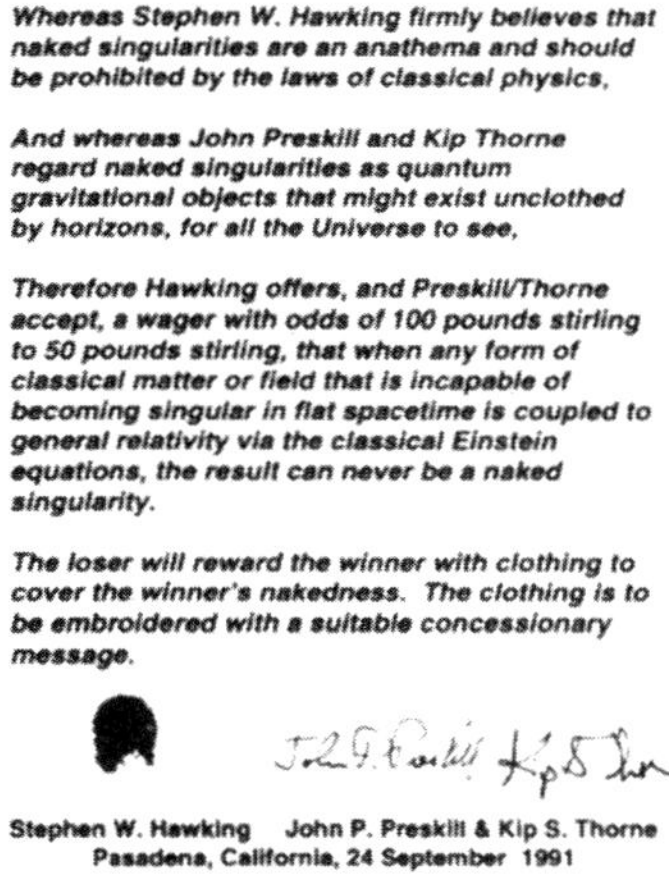

Whereas Stephen W. Hawking firmly believes that naked singularities are an anathema and should be prohibited by the laws of classical physics,

And whereas John Preskill and Kip Thorne regard naked singularities as quantum gravitational objects that might exist unclothed by horizons, for all the Universe to see,

Therefore Hawking offers, and Preskill/Thorne accept, a wager with odds of 100 pounds stirling to 50 pounds stirling, that when any form of classical matter or field that is incapable of becoming singular in flat spacetime is coupled to general relativity via the classical Einstein equations, the result can never be a naked singularity.

The loser will reward the winner with clothing to cover the winner's nakedness. The clothing is to be embroidered with a suitable concessionary message.

Stephen W. Hawking　　John P. Preskill & Kip S. Thorne
Pasadena, California, 24 September 1991

図18　裸の特異点は存在するか

線」だ。たとえば遠い過去に遠くで起きた事件の情報は、有限の光速で伝わるから、今ここに到達するまでに時間がかかってしまうため、「まだ」見えていない可能性がある。でも、もっと時間がたてば、いつかは見えるだろう。そういうのは「今のところ地平線の向こうにあるだけ」なのだ。

それに対して「事象の地平線」というのは、そもそも光でさえ未来永劫「今ここ」には到達できないような、より強く堅固な地平線のことだ。そのような地平線はブラックホールの「シュワルツシルト半径」や加速膨張する宇宙に存在する。

ホーキングの賭けにでてくる地平線は「事象の地平線」と考えていいだろう。通常、物理的な特異点は事象の地平線に囲まれていて外からは見えない。だが、稀に地平線に囲まれていない「裸の特異点」があるかもしれない。ホーキングはそれを「アナテマ」、すなわち「教会の呪い」と呼ぶ。もともと無神論者のホーキングが、いささか特殊な宗教用語を使っているのは、もちろん彼一流の皮肉なのだろう。（アナテマということばは、日常でも「忌み嫌われるもの」という意味で使われるが、それでも宗教的

なニュアンスが強い）

さて、肝心の賭けの結果であるが、１９９７年にホーキングの負けで終わった。賭けの代償として、ホーキングは、ソーンとプレスキルに約束どおり「裸を隠すための服」を贈った。それは豊満な若い金髪女性が裸体をタオルで隠している絵の入ったTシャツだった！

それにしても、なぜ、ホーキングは賭けに負けたのだろう。別に裸の特異点が天文観測でみつかった、というようなニュースは耳にしないが。

実は、これはあくまでも理論的な可能性の話なのだ。スーパーコンピューターをつかったシミュレーションの結果、球状の空間の歪みが1点に集まるとき、なんと一瞬ではあるが裸の特異点が形成されることがわかったのである。ちょっとわかりにくいが、ようするに空間を伝わる重力の波が池の波紋と逆さまに1点に収束するような情況だ。波が大きいとエネルギーも大きいので、空間はブラックホールになる。波が小さいと中心で「すれちがって」外向きの波紋になる。だが、ブラックホールになるのにわずかに足りないエネルギーの波を1点に集めると、そのまますれちがって拡がらずに、一瞬だけ特異点を形成するのだ。ブラックホールは形成されないから事象の地平線は存在しない。この特異点はすぐに消滅してしまうが、裸の特異点にはちがいない。

ホーキングは、このシミュレーション結果を受け入れて、一時的に負けを認めたのである。

だが、この裸の特異点ができるのは、きわめて人工的に諸条件を微調整した場合だけなので、自然界に存在する可能性はきわめて低い。そこで、そういった微調整なしでも裸の特異点が存在するか否か、この3人は、ふたたび新しい賭けをした。その賭けの結果は（2005年夏の時点で）まだでていない。

■ホーキング語録■　ベケンスタインの研究とのちがいを強調して

ベケンスタインは一般化された第2法則を提案した。それは「エントロピー＋面積の（未知の）定数倍」が決して減少しない、というものだ。だが、彼は、ブラックホールが粒子を吸収するだけでなく放出することも可能なことは提案しなかったのである。（「ビッグバンとブラックホールについて」竹内訳）

第3章 宇宙の端っこが丸いと神様の出番はなくなる？

ホーキングの物理学は「特異点」の周辺をぐるぐると旋回しているようなイメージがある。最初の研究はアインシュタインの重力理論の枠内の話だったが、ブラックホールに量子論を適用することにより、ホーキングは、量子重力における特異点の問題と対峙《たいじ》することになった。いや、精確には、ブラックホールの量子論においては、見かけの特異点（＝シュワルツシルト半径）のふるまいを考えていたわけだが、当然のことながら、「量子論により真の特異点がどう変わるのか」という問題は射程圏内に入っていた。本章では、いよいよ、ホーキングの物理学の最高峰ともいうべき、量子論と特異点のマジックへと突入する。宇宙の歴史を遡《さかのぼ》り、あらゆる歴史を辿《たど》った結果、天才が行き着いた先には、いったいどのような光景が拡がっていたのか。

ファインマンの遺産　量子論と経路和

ブラックホールの事象の地平線の問題にケリをつけたホーキングは、次なる大敵との戦いにそなえて量子論を重力に適用する具体策を検討し始めた。1975年当時、誰も重力理論に量子論をあてはめることに成功していなかったので、それは大きなチャレンジだった。

ホーキングが具体的な計算方法として採用したのは「ファインマン流の経路和」といわれるものだった。ノーベル賞物理学者のリチャード・ファインマンは理論物理学のほぼ全分野で業績を残しているが、量子論そのものを独自の方式で書き換えてしまったことでも有名だ。

ファインマンは、量子論について次のように語っている。

「原子的な物体の示す性質は、われわれの日常経験とあまりにもかけはなれているために、それに慣れるのは非常に難しい。それはだれにとっても——初心者にとっても、また経験をつんだ物理屋にとっても——非常に特異なものであり、また不可思議なものにみえる。（中略）それはミステリー以外の何ものでもない。その考え方がうまくゆく理由を〝説明する〟ことにより、そのミステリーをなくしてしまうことはできない。ただ、その考え方がどのようにうまくゆくかを述べるだけである」（『ファインマン物理学Ⅴ』）

ファインマンにとって、前の世代が遺した量子論は理解しがたいものだった。そこで、ファインマンは、自分で量子論をつくりなおしてしまった。自分でつくったのだから、それは前にくらべて理解しやすくなったはずだ。

経路和というのはなんだろう？

これは文字通り「あらゆる経路の和をとる」のである。たとえば東京から大阪まで旅をするとしよう。われわれの常識では、新幹線の「のぞみ」で行けば、同時に東名高速をかっ飛ばすことはできない。だから経路の和をとることはしない。経路は一つに決まる。だが、それは人間のように大きな物体の移動の場合であり、電子や原子のようなミクロの物体の場合は新幹線で行った経路と東名高速で行った経路、さらには他の可能なあらゆる経路の足し算をして、その結果、東京から大阪に到達する「確率」を計算するのである。つまり、始点と終点を決めて、その間のあらゆる可能な経路について足すと、始点から終点に量子が到達する確率が何パーセントであるかがわかる仕組みなのだ。

その計算方法だが、次のようにやる。

1　可能な経路のそれぞれについて「確率振幅」の矢印を求める
2　すべての矢印をベクトル的に足し算する
3　最終的な矢印の長さを2乗すると、それが始点から終点に到達する「確率」になる

こういうのは具体例をやってみないと絶対に意味がつかめない。そこで、図のように始点から

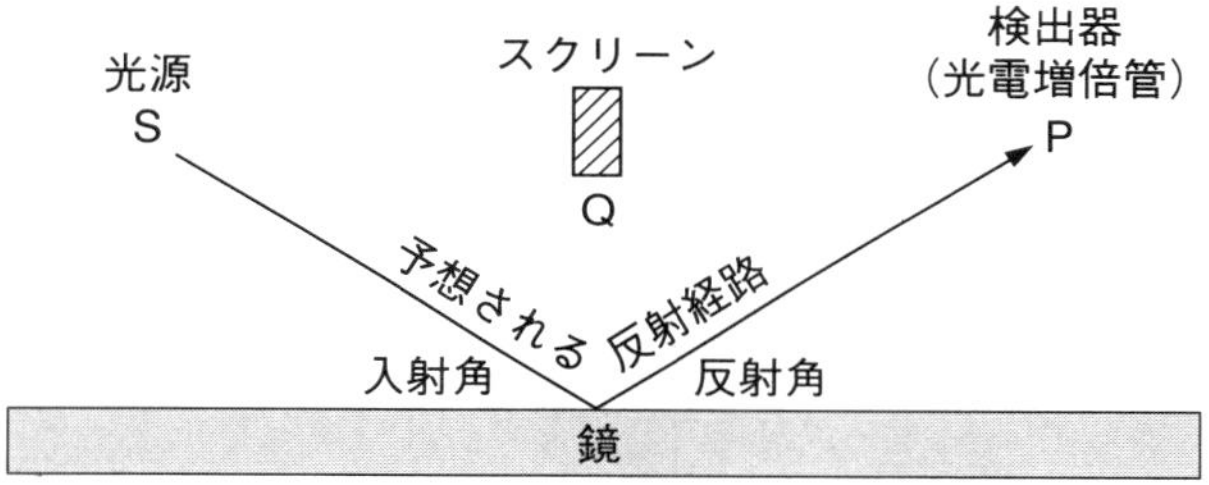

古典的な光学理論では入射角と反射角が等しい。その経路はただ一つに決まる
『光と物質のふしぎな理論』R・P・ファインマン、釜江常好・大貫昌子訳（岩波書店）を参考に改変

図19　古典的な光の反射

出た光が鏡で反射して終点に達する確率を計算してみよう（図19）。

大きな物体であれば、この図のように反射角と入射角は等しい。大きな物体でなくても学校で教わる光学では反射角と入射角が等しいことになっている。だが、本当は、光子は量子論にしたがうので、途中経路は無数にあるのだ。無数の可能な経路が存在し、それを足して確率を求めるのである（図20）。

なぜ、学校では反射角と入射角が等しい、と教えるのか？　その疑問にはこの節の最後で戻ることとして、とにかく計算の実演をやってみよう。ただし、現象の起きる「確率」の平方根である「確率振幅」と呼ばれる矢印の計算法を説明しないと話が始まらない。

「まず光子が動くにしたがってその時間を測ることのできるストップ・ウォッチを頭に描いてください。この想像上のストップ・ウォッチには針が一本あって、これが非常な速さでぐるぐる回るものとします。光子

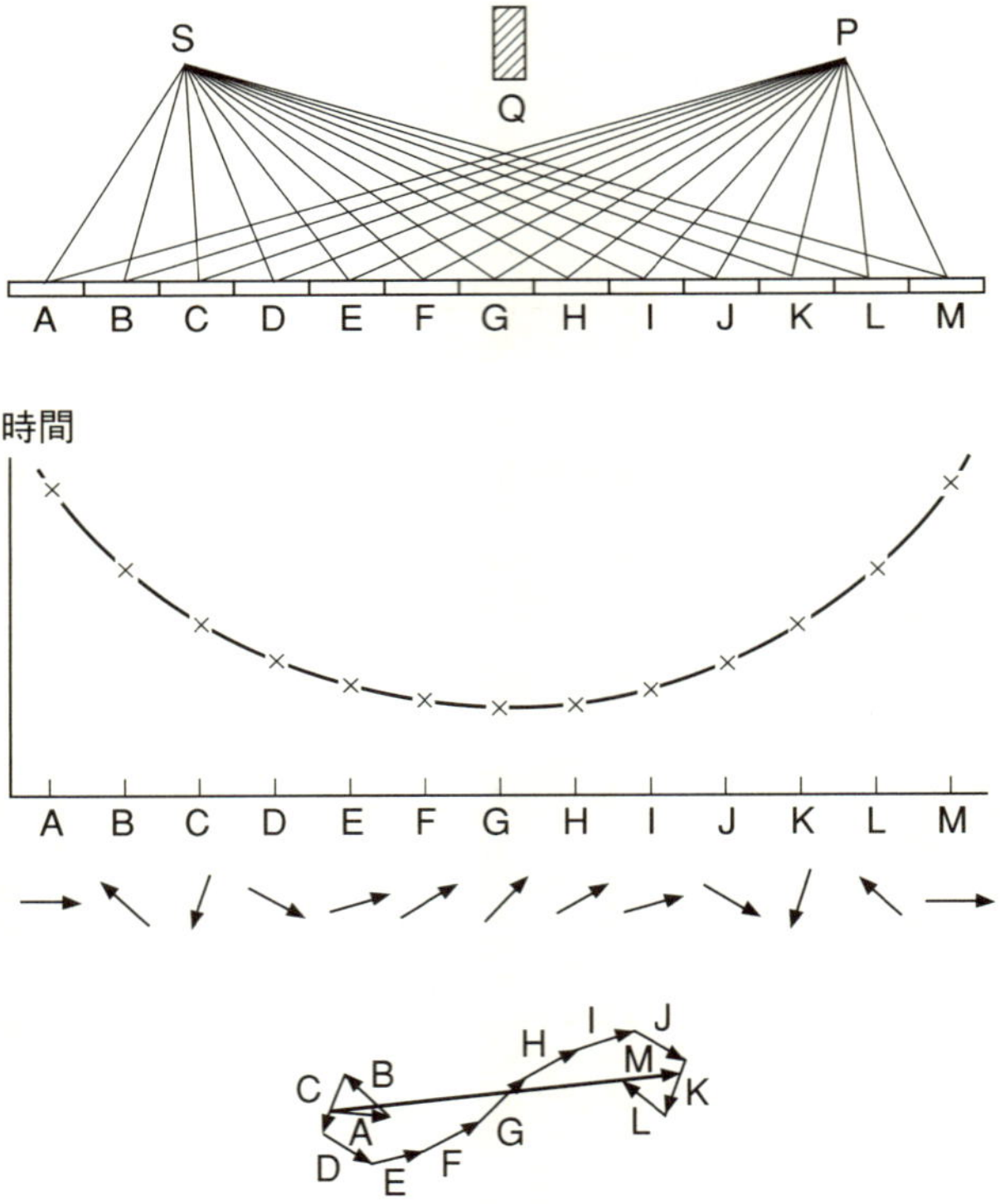

ファインマン流の量子論では、あらゆる可能な経路の和をとって足すことにより反射確率が求められる。各経路には時計の針を思わせる矢印が割り振られる。それは量子の波の状態（位相）を表す。数学記号では矢印は「e^{is}」と書くことが多い。sが位相だが、それは時間を含んでいるため、ホーキングの虚時間の影響を受けるのである
『光と物質のふしぎな理論』（前掲書）を参考に改変

図20　ファインマンの経路和の例Ⅰ

が光源を離れると同時に私たちはストップ・ウォッチを押します。光子が動いている間中ストップ・ウォッチの針はどんどん進み（赤い光では一インチ進む間に三万六〇〇〇回転する）、光子が光電増倍管に到着すると同時にストップ・ウォッチを止めますと、その針はある方向を指しているはずです。これが私たちの描く矢印の方向となります」（『光と物質のふしぎな理論』37ページ）

光電増倍管というのは、1個、2個といった少数の光子をキャッチして、それを大きな電気信号に増幅する検出器である。スーパーカミオカンデの巨大水槽にたくさんの光電増倍管が並んでいる写真をご覧になったことがおありだろうか（図21）。

これは、ようするに光の振動数と同じ速さで回転する時計を用意して、その光がある経路を始点から終点まで移動する時間を測っているのだ。

東京大学宇宙線研究所神岡宇宙素粒子研究施設

図21　スーパーカミオカンデの光電増倍管

さて、光が鏡で反射して検出器に到達する確率を求めてみよう。量子論では、本当は、無数の経路があるのだが、それだと計算できないので、近似的に鏡をAからMまでの13の部分に等分割して、その13の領域で反射される経路について「確率振幅」の矢印を求めてみよう。

たとえば経路Aの場合、ストップ・ウォッチ

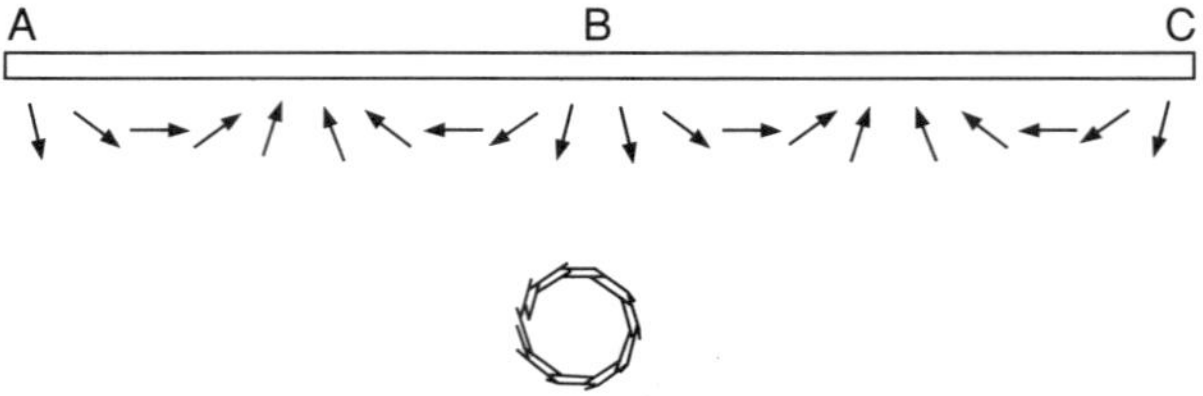

図20の左端（A～Cの部分）だけを残した場合。古典的には反射角と入射角が等しくならないので反射確率はゼロのはずだが、量子論で経路和を計算してみると、少しだが反射する確率がある。つないだ矢印は同じところを廻ってしまって長くならない
『光と物質のふしぎな理論』（前掲書）を参考に改変

図22　経路和の例Ⅱ

は「3時」を指したとする。経路Bは、経路Aよりも少し短いので、3時まで廻らずに10時のところで止まったとしよう。そうやって13の経路のおのおのについて矢印を記録してゆく。最後に、この13本の矢印を全部ベクトル的につないでみる。

いいかえると、経路Aの矢印の「鏃《やじり》」（矢の先端）の部分に経路Bの「矢《や》筈《はず》」（矢の後端）をつなぎ、経路Bの矢印の「鏃」に経路Cの「矢筈」をつなぎ……経路Lの「鏃」に経路Mの「矢筈」をつなぐのである。これが「経路和」ということである。ただし、おのおのの矢印はベクトル的に足すのであるから、その方向を保ったまま移動させてつなぐ必要がある。

矢の方向がバラバラなので、全部つないでも、一直線にはならないから、最終的な矢の長さはそれぞれの矢の長さの13倍よりも短くなる。

最終的に光子が始点から出発して鏡で反射され

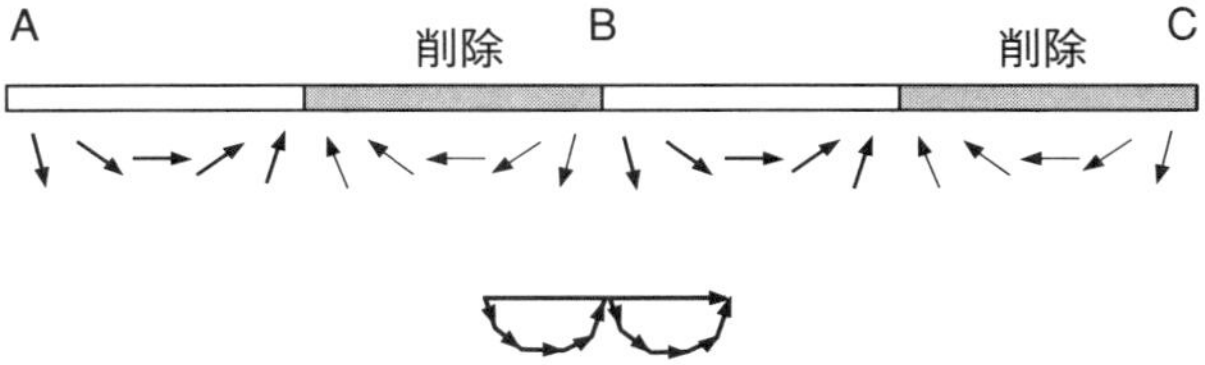

左端のAからCの間をさらに削ってしまうと、矢印の長さはかえって長くなる。つまり反射確率は大きくなる。これは「回折格子」の原理である
『光と物質のふしぎな理論』（前掲書）を参考に改変

図23　経路和の例Ⅲ

て終点に到達する確率は、この最終矢印の長さを2乗すれば求められる。（たとえば最終矢印の長さが0・5ならそれを2乗して、確率は25％ということになる）

このようにファインマン流の量子論では、光子はあらゆる可能な経路を実際に通って、最終的な確率は、経路和によってはじき出されることになる。

しかし、本当なのだろうか？

経路和の考えに懐疑的な読者のために、こんなシチュエーションを考えてみよう（図22）。

光の始点と終点は変えずに鏡をAからCまでだけにして残りはなくしてしまう。ただし拡大図なのでもっとたくさん矢印が描いてある。さきほどと同じように各部分の矢印を足してみると、AからCまでの部分の矢印の和は、かなり短くなる。だから、その2乗も小さい値になる。だが、ゼロではない。つまり、このような情況では、光子が検出器に到達する確率は非常に低くなるのだ。

次に、AからCの部分に傷をつけて鏡を剝ぎ取ってみよ

う（図23）。

鏡はさらに小さくなったのだから、反射確率はもっと小さくなるように思われる。だが、そうはならないのだ。矢印を足してやると、驚いたことに、AからCまでが完全な鏡だったときよりも長くなる。それは足し算がベクトル的になされるからにほかならない。その結果、「縞模様」の鏡は、そうでないときと比べて反射率がアップするのである。このような鏡は「回折格子」と呼ばれて実用化されている。

最後に、どうして学校では反射角と入射角が等しい、ということを教わるのかを明らかにしておこう。

鏡の真ん中に近い領域EからIまでの矢印をつないでみる。すると、この部分は、光の経路の長さにあまり差がないため、ストップ・ウォッチが止まる角度も大差ないことがわかる。矢印は大きく曲がることなく、ほぼ直線状につながるため、経路和の矢印は長くなる。いいかえると、光の反射確率の大部分は、鏡の真ん中あたりからの寄与によるのである。だから、近似的には、反射角と入射角が等しい、という法則が成り立つのである。

光の場合は話が単純で、振動数と時間から矢印（＝確率振幅）を割り出せるが、光以外の量子になると、話はもっと複雑になる。たとえば電子が他の電荷の傍を通るときなどは、電子の運動エネルギーのほかにポテンシャルエネルギーまで考慮に入れた複雑なストップ・ウォッチが必要になる。だが、原理的な話は、光子の例で尽くされている。

経路和と不確定性

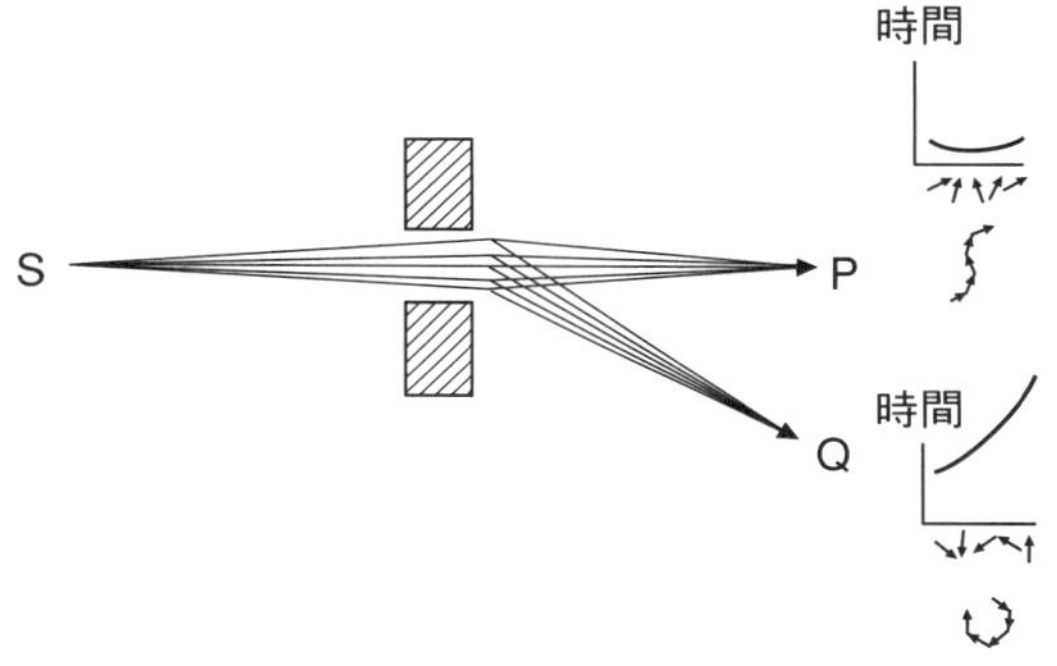

スリットが太いと光はP点には達するがQ点にはあまり到達しない
『光と物質のふしぎな理論』（前掲書）を参考に改変

図24　太いスリットの経路和

さて、ファインマン流の量子論、すなわち「経路和」の方法は、第2章に出てきた「不確定性」とどのように関係するのであろうか。経路和は量子論そのものなのだから、不確定性が出てこなくてはおかしい。

光が「どこ」を通ったかということと、「どの向き」に動いているかということは同時に無限の精度で決めることはできない。この2つの情報は「位置」と「運動量」の不確定性に支配されるからである。

光の位置を精確に決める実験を考えてみよう（図24）。

光源と検出器の間には細い隙間があいている。この隙間を「スリット」と呼ぶ。チャイナドレスの切れ目と同じである。光が検出器に到

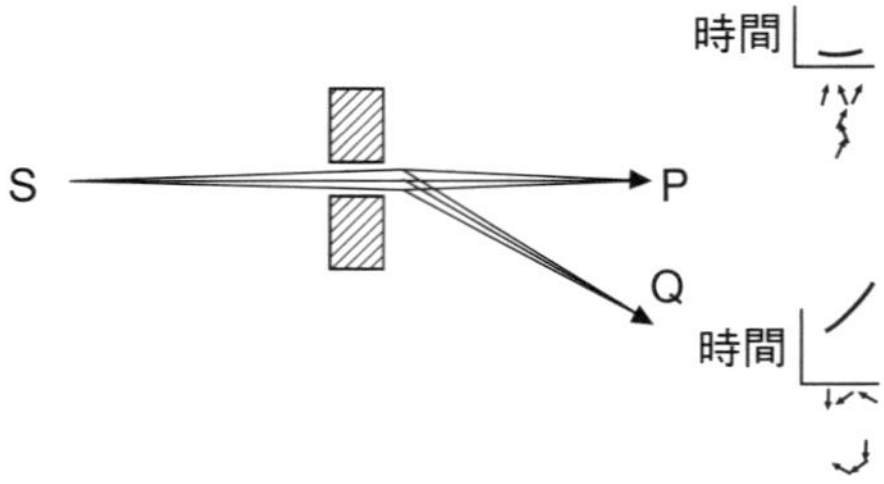

スリットを細くすると光はP点とQ点に同じような確率で到達するようになる。スリットを絞って光の位置を精確に把握しようとしたため、それがどっち向きの速度をもっているかはわからなくなったので、Q点にも到達するようになったのである
『光と物質のふしぎな理論』（前掲書）を参考に改変

図25　細いスリットの経路和

達するには、スリットを通過しないといけない。ファインマン流に各経路の矢印を描いてみると、真正面のPの位置にある検出器に光子が到達する確率は高いが、ずれた位置Qにある検出器に光子が到達する確率は低いことがわかる。

次に、光の経路をもっと精確に決めるためにスリットを細くしてみよう。そして、前と同じように矢印を描いて確率を計算してみる。すると、驚いたことに、位置Pの検出器だけでなく、位置Qの検出器にも光子が到達するようになるのである！（図25）

これは、光子の位置を精確に決めようとしたために、わりをくって、その運動量が不確定になったのだと解釈することができる。あちらを立てれば、こちらが立たず。位置は立ったが、運動量は立たなくなった。

ファインマン自身は、不確定性について、こんなふうに述べている。

「私はこの『不確定性原理』を歴史上の考えとして取り扱いたい。量子物理という革命的な理論ができはじめた頃、人はまだ（たとえば光は直進するなどというように）ものごとを旧式な考えで理解しようとしていた。ところがある点から先は旧式な考えが役に立たなくなりはじめ、『これについては旧式な考え方なんぞ全然通用しない』というような警告が発せられるようになった。もしわれわれが旧式な考えを完全に捨て去り、私がこの講演で説明しているような考え方、すなわちある事象が起り得る経路全部の矢印を合せる考え方を使ってゆけば、もはや『不確定性原理』などわざわざ持ち出す必要もなくなる」（『光と物質のふしぎな理論』76ページ）

量子論の革命児ならではの自負が感じられる文章だ。ファインマンにとって、不確定性原理は、もはや「原理」ではない。それは「経路和」という原理から導かれるひとつの結果にすぎないのである。

経路和と波動関数

経路和が量子の「波動性」を示していることも確認しておこう。

もともと「粒子」と「波動」の大きな差は、重ね合わせることができるかどうかであり、その結果、干渉効果がみられるかどうかにある。池に石を2個投げ入れてみよう。2つの波紋は、ぶつかって、そのまますり抜けて拡がってゆくであろう。波の山と山がぶつかったとき、それは重なって、より高い山となる。波の山と谷がぶつかったとき、それは打ち消しあう。それはベクトル的な和の法則にしたがう。

そう、もうおわかりのように、経路和の計算において矢印と矢印をつなぐとき、それが同じ方向を向いていればより強くなる（＝山が高くなる）が、逆向きであれば弱めあうのである。それは「波動」の性質をもっている。

実際、ファインマンの矢印（＝確率振幅）は「波動関数」という名で呼ばれることも多い。ただし、最終的に光子は検出器のある場所に「ポツン」と点のように到達するのだから、粒子性も持っている。粒子であると同時に波動であり、その挙動は確率的な予言しかできず、不確定性に支配される。それが量子の本質なのだ。

特異点定理の本当の意味

さて、ここにきて、ようやく第1章の特異点定理の「意味」を省察《せいさつ》することが可能になる。ホーキングは特異点定理をどのようにとらえていたのだろう？　単なる数学の式の変形なのか、それとも物理的な宇宙の問題なのか？

ホーキング自身は、特異点定理がもつ意味を次のようにまとめている。

「宇宙がどのように出発したかを予測するには、時間のはじまりにも成立していた法則が必要である。もし古典的一般相対性理論が正しければ、ロジャー・ペンローズと私が証明した特異点定理が示したように、時間のはじまりは、無限大の密度と無限大の時空湾曲率をもつ点である。そのような点では、既知の科学法則はすべて破れているだろう。（中略）だが、特異点定理が本当に示しているのは、量子重力効果が大きな意味をもつほど重力場が強くなるということである。古典理論では、もはや宇宙はうまく記述できない。そこで、宇宙のごく初期の段階を論じるには、重力の量子論を用いなければならない」（『ホーキング、宇宙を語る』１９０ページ）

つまり、特異点定理は、あくまでもアインシュタインの重力理論だけを考慮したときの必然的な結論なのであり、その意味は、必ずしも「時間にはじまりがあった」ということではなく、「アインシュタインの重力理論だけでは宇宙のはじまりは扱えない」ということなのである。いいかえると、宇宙のはじまりはアインシュタインの理論の適用限界を超えてしまっているのである。ならばどうすればいいかといえば、ホーキングは、「量子論」をアインシュタインの重力理論と組み合わせて使うべきだ、と提案するのである。

というわけで、ビッグバンが特異点からはじまり、それが時のはじまりであり、そこではじまったからには、はじめた何か（誰か）が必要だ、という神学上の解釈は、皮肉なことにアインシュタインの重力理論の枠内での神学論争だったことになる。

考えてみれば、はじめて膨張宇宙のモデルを主張したのはカトリックの僧侶であったジョルジユ・ルメートルであり、「宇宙のはじまりが具体的にどうなっていたのか」、という物理学の問題は、どうしても宗教的な動機と結びつくものなのかもしれない。

ヴァチカン会議で何が語られたか

1981年に開かれたヴァチカン会議は今では伝説と化している。教皇庁科学アカデミーが主催した国際会議には世界各国から著名な宇宙論学者が一堂に会した。その中には車イスに座ったホーキングの姿もあった。

当時のローマ教皇ヨハネ・パウロ2世は、まだ共産圏に属していたポーランド出身の異色の教皇だった。彼は世界を飛び回り、日本の広島と長崎も訪れてミサを行っている。核の廃絶を訴え、東西の融和を唱え、パレスチナ問題でも積極的に和平を推進した。

ガリレオのころと比べると、カトリック教会の科学に対する態度も大きく様変わりした。科学の成果を受け入れて、宗教との融和を図ろうとしていたのだ。

1979年はアインシュタイン生誕100年にあたり、ヨハネ・パウロ2世は科学の成果を祝福するとともに、科学と宗教の両立を目指し、ガリレオ裁判の結果を見直すことを決めた。1981年に委員会が設置された。委員会は1992年に結論を出し、ヨハネ・パウロ2世は教会の過ちを認め、ガリレオに謝罪したのである。(実際の報告書は読んでも遠回しの表現ばかり

で私には意味が不明だった）

ガリレオが死んだ日に生まれたホーキングは、ガリレオ復権に向かって尽力していたヨハネ・パウロ2世の前で何を語ったのだろうか？　他の参加者を謁見《えっけん》するときは高い椅子に座ったままだった教皇は、ホーキングが車イスで近づいてくると、驚いたことに椅子から降りてひざをついてホーキングと顔の高さを合わせて長い間話をしたのである。

このとき何が語られたのかはホーキングのみぞ知る、ということになるが、ホーキングは、その内容をこう記している。

「法王は、ビッグバン以後の宇宙の進化を研究するのは大いに結構だが、ビッグバンそれ自体は探求してはならない、なぜならそれは創造の瞬間であり、したがって神の御業なのだから、と語った。私は、会議で私が語った主題を法王がご存じなかったことを知ってほっとした――その主題とは、時空は有限であるが境界をもたないという可能性であったが、これは時空にはじまりがなく、創造の瞬間がなかったことを意味する。私はちょうどガリレオの没後三〇〇年目に生まれたという奇縁もあって、ガリレオには強い親近感を抱いているのだが、彼と同じ運命をたどりたいとは全然思っていなかったのである！」（『ホーキング、宇宙を語る』１６７ページ）

この文脈からは、教皇のことばが、ホーキングに耳打ちされたのか、そうではなく、参加者全員の謁見の場で語られたものなのか、判断がつかない。

ヨハネ・パウロ2世は26年の在位期間の最初から終わりまで、カトリック教会と他の宗教・文化・政治との「融和」に努力した。宗教と科学の問題についても多くのことばを残している。そういった発言から推測すると、1981年の会議でも、ヨハネ・パウロ2世には、(ガリレオの再評価も含めて)科学界との融和を図ろうという強い意図があったことは明らかだ。

ここでは教皇の会議向けのメッセージは引用しないが、そのような融和会議でホーキングが語った主題は驚くべきものであり、もしもそれが数式の山に埋もれていなかったとしたら、教皇のホーキングに対する態度もまったくちがったものになっていたかもしれない。

その主題とは「無境界仮説」であり、ある意味、神への挑戦とでもいうべき内容をもっていたのである。

波動関数よもう一度

ホーキングの無境界仮説を理解するには、まず、ファインマンの経路和と宇宙論の関係からはじめないといけない。

ファインマンの経路和では、1つの光子が始点から終点に到達する間に可能なあらゆる経路を通ることと、その経路ごとにある角度をもった矢印(=波動関数)が与えられることを説明した。あらゆる経路からの寄与を足したものが最終的な確率振幅、いいかえると波動関数ということになる。その結果、光子は、近似的に、学校で教わる光学のように直線状の経路をたどる確率が高くなる。

ホーキングの理論への前振りとして、ここでは、まず、「調和振動子」の量子論を見てみることにしよう。調和振動子というのは、ようするにバネに錘《おもり》をつけたものである。

バネの自然な長さからLセンチ引っ張って放すと錘は振動をはじめる。バネの長さが短くなるにつれて錘は速く動くようになる。そして、バネの自然の長さのところで錘の速度が最大になる。バネはそのまま縮み始めて、徐々に錘の速度は遅くなり、やがて自然な長さからLだけ縮んだところで静止する。と思ったのもつかのま、バネはふたたび伸び始めて、永遠に振動をくりかえす。（実際は摩擦などで熱となってエネルギーが失われてゆくので、次第に振動の振れ幅が小さくなってゆく）

これを物理学のことばで語るのであれば、最初にバネを長さLまで引っ張ったときにバネにポテンシャルエネルギーが蓄えられて、手を放すと徐々にそれが錘の運動エネルギーに姿を変え、バネの自然の長さのところでエネルギーは完全に運動エネルギーに転換され、バネが縮み始めると運動エネルギーがふたたびポテンシャルエネルギーになってゆく、ということになる。

最初は運動エネルギーがゼロだったのに、バネの自然の長さのところでは運動エネルギーが最大になる。だから、錘の速度は最初はゼロだったのに途中で最大になる。

さて、この振動するバネを「一瞬だけ観察する」と、錘はいったい「どこ」にあるだろう？もちろん、それは確率的にしか決まらない。いつ観察するかは勝手だからである。何度も盗み見

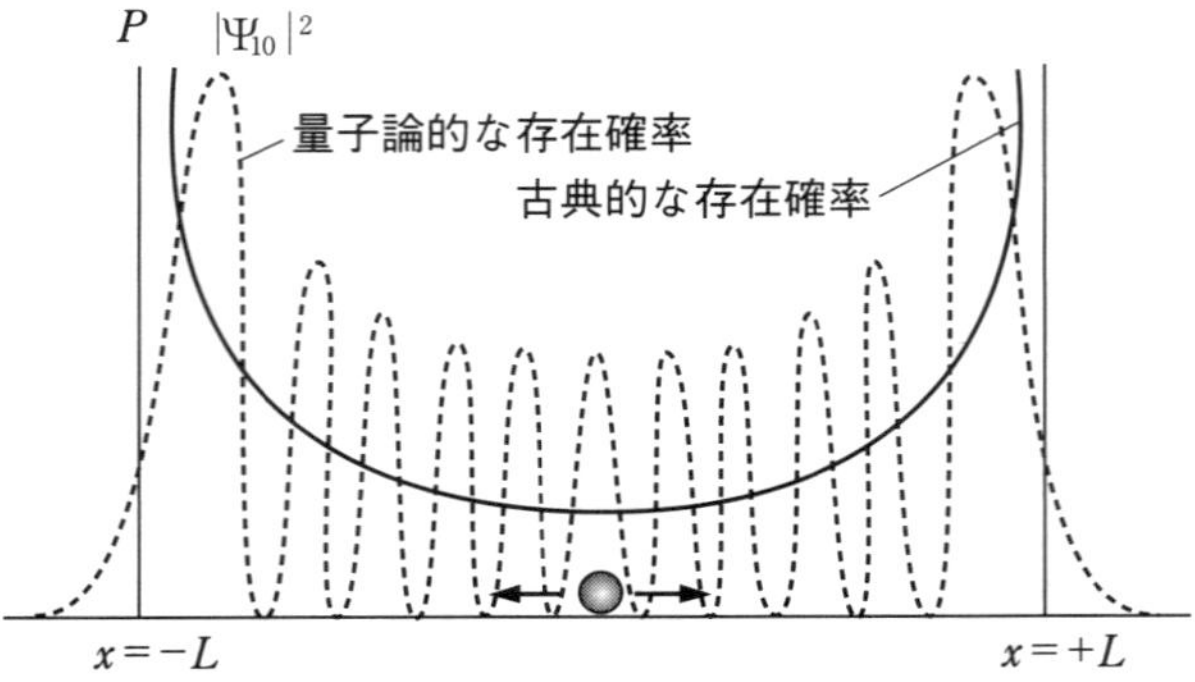

バネの錘の存在確率は量子論では「波打っている」

図26　調和振動子を量子的に見る

をくりかえせば、やがて、錘がバネの自然な長さあたりではなく、バネが伸び切ったところと逆に縮み切ったところで多く発見されることに気づくであろう。それは、両端付近では錘の動く速度が遅いので、長い時間留まっているからである。真ん中付近では錘は最大速度になっているので、そこに錘がある時間は短い。

錘がどこで観測されやすいかを図示してみよう。縦軸が確率（＝観測されやすさ）で横軸が錘の動く範囲だ。バネが縮み切ったところが左端で、伸び切ったところが右端である。

次に、ファインマンの経路和の方法を用いて調和振動子を量子的にあつかってみる。その結果を古典的なものと比べてみよう。（図26）

量子論では、錘が発見される確率は、たしかに両端で高くなっているが、途中は山あり谷ありで波打っている。これは調和振動子の「波動

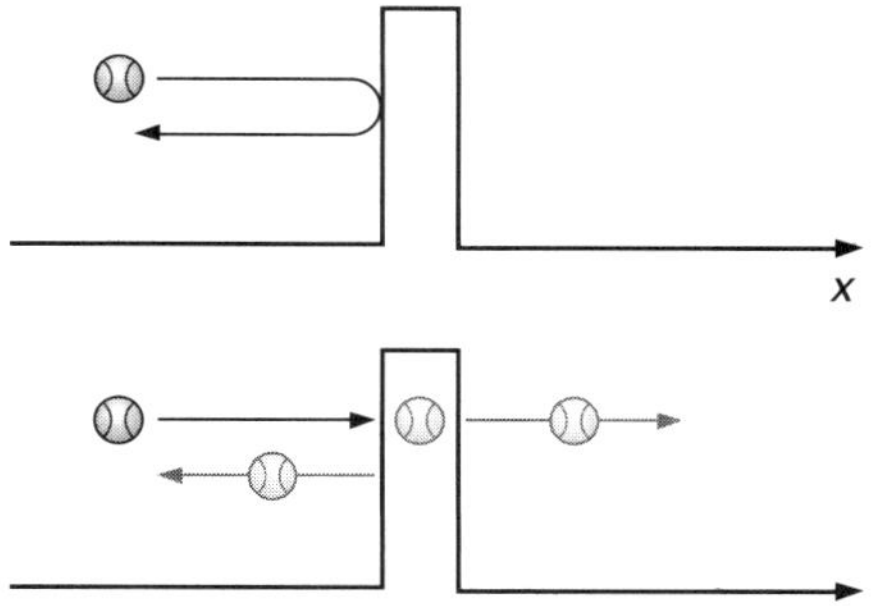

古典的には粒子は壁を通り抜けることはない（上)。量子的には量子は壁を通り抜ける可能性がある

図27　トンネル効果

関数」なのである。

また、古典論では錘が動く範囲は最初に手で引っ張ったところまでだったが、量子論では、それが少し外にはみ出している。波動関数は波なので外に染み出ているからである。

こういうのは不確定性のあらわれとみなすことも可能だし、もちろん、経路どうしの矢印の「干渉」として理解してもかまわない。

次に、前振りの第2段階として、「壁に突入する量子」を考えてみる。左からやってきて壁にぶつかる量子は、古典的には、壁で跳ね返るだけだ。だが、量子論では、驚いたことに壁を突き抜けて向こう側に出る可能性がある。それを「トンネル効果」と呼ぶ（図27)。

これはとても大切な例なので、何が起きているのか、くわしく見てみよう。

まず、壁の左側では、大きな振れ幅の波になっていることがわかる。これは調和振動子の波動関数のふる

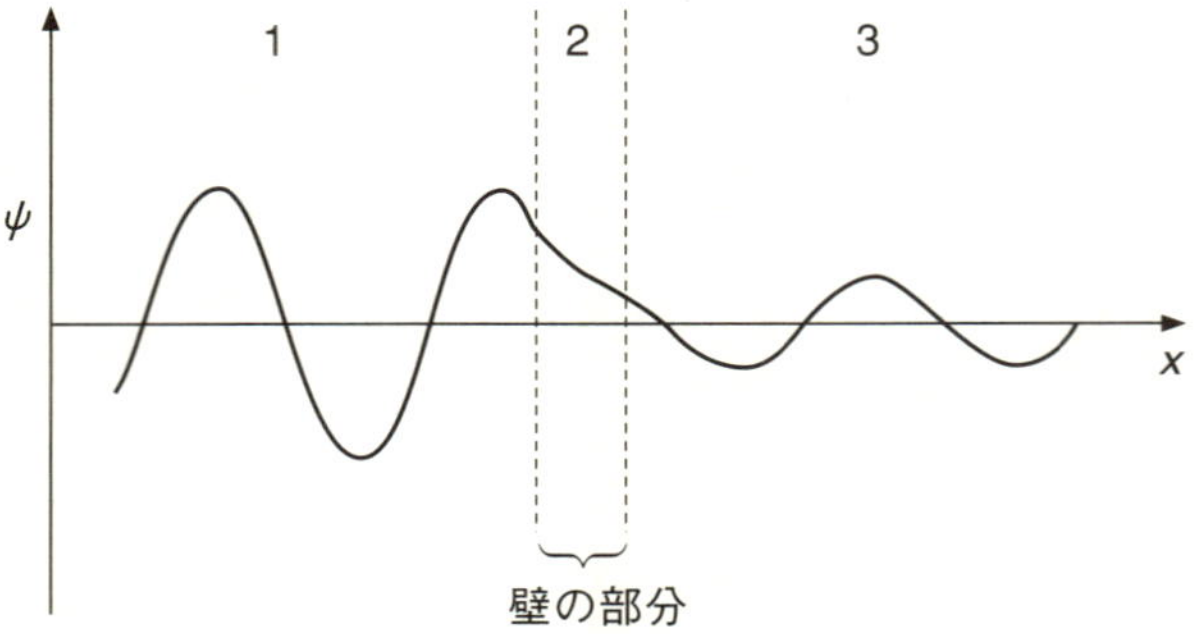

領域1は壁に突入する前で波打っている。三角関数の波という意味で波動関数または確率振幅は「e^{is}」という形だといえる。領域2は壁の中で、波動関数は波打たずに減衰しており、波動関数は「e^{-s}」という形だといえる。領域3は全体的に確率は低くなるが波動関数の形は領域1と同じで波打っている

図28　トンネル効果の波動関数

まいとよく似ている。次に壁の中では右に進むにつれて急激に波動関数の振れ幅が小さくなっていることがおわかりだろう。その意味は、壁に入ったところに量子を発見する確率は高いが、壁から右の空間に脱出する直前のあたりで量子を発見する確率は低い、ということだ。そして、壁の右側では、ふたたび波打っているけれど、その波は小さくなっている。

　まとめると、左の自由空間では波動関数は大きく、山と谷がみられる。壁の内部では、波動関数は急激に減衰してしまう。そして、右の自由空間では波動関数が小さいものの、ふたたび山と谷がみら

れる（図28）。

これは、左端から右に向けて量子を発射して、しばらく時間がたって安定状態になったときの波動関数の全体像である。壁にぶつかった量子は、当然のことながら跳ね返ることもあるが、壁をトンネルして右側に到達することもある。量子を各地点で観測する確率は、波動関数を2乗したものだ。

これでホーキングの理論を理解するための準備が整った！

宇宙の波動関数

ホーキングは宇宙全体に量子論を適用してみた。具体的には、ファインマンの経路和の方法を用いて、宇宙の波動関数を計算してみたのである。だが、すぐに素朴な疑問が湧き上がる。光子の経路とか錘の経路とか壁に突入する量子の経路なら話はわかる。だが、「宇宙の経路」なんて存在するのだろうか？

宇宙の始点と終点はなんだろう？　仮に始点をビッグバンもしくは特異点としよう。終点はわからないが、過去と未来が対称な宇宙を考えるとして、ビッグバンで膨張した宇宙がやがて収縮に転じて最後にビッグクランチの特異点で終わる場合を考えてみよう。（永遠に膨張するような「終点」でもかまわない！）

この場合、途中の宇宙がどんなものになるのかは、いろいろなパターンが考えられる。たとえば現在の宇宙のような可能性もあるが、それよりも宇宙の凸凹、いいかえるとアインシュタインの重力理論による空間の湾曲が大きい可能性もあるだろう。あるいはブラックホールだらけの宇宙だって可能だし、銀河も星もほとんど存在しない「のっぺらぼう」の宇宙だって可能だ。そういうあらゆる途中の可能性を宇宙が辿る「経路」とみなすのである。

これは、ＳＦの平行宇宙と同じ考えだ。

ビッグバンとビッグクランチの間には無数の宇宙の可能性が存在する。それをすべて「矢印」であらわして足してみる。すると、最終的な波動関数になるというわけ。

たしかに宇宙はさまざまな可能な経路を辿るから、案外、すんなりと理解できる考え方ではある。

ただし、ふつうの経路和とは少しちがうところもある。

まず、宇宙の場合の「ちがう経路」は、アインシュタインの重力理論による空間の曲がり具合の差だということ。また、空間だけで物質がないと現実的でないので、ホーキングは、可能なあらゆる物質分布も考える。だから、ビッグバンから始まった量子宇宙は、（途中における）無数の空間の曲がり方と無数の物質分布の可能性の「矢印」を足すことによって、波動関数が求められる。

原理的には——。

前に出てきた鏡の反射の例でわかるように、無数といっても、通常は「たくさん」に置き換えることが多い。問題によっては、無数の可能性があっても計算できる場合もあるし、かと思えば、思い切った近似を使わないと手に負えなくなることもある。

ホーキングは宇宙の波動関数を求めるに際して、いくつかの近似を用いている。

まず第一に、空間のあらゆる曲がり方を計算することは不可能なので、「均一」で「等方」という現実の（＝われわれの）宇宙にあてはまる条件を課している。（すでにリフシッツのところで説明したが）均一というのは、宇宙全体としてみれば、どこでもだいたい同じような密度と組成からできていて、その曲がり具合も同じだ、という意味だ。等方というのは、宇宙でどちらの方向を見てもだいたい同じように見える、という意味だ。この条件は、あくまでも宇宙全体を大局的に眺めたときの平均の話であり、銀河とか星の大きさといった細かい部分にはあてはまらない。（太陽系だって、太陽のあるところと海王星のあるところとでは、大きな違いがある！）

また、空間の曲がり具合にもいろいろあるが、とりあえず「球」のように曲がった場合を扱う。（他には平坦な場合と馬の鞍のように曲がっている場合がある）

さらには、宇宙全体について、完全な量子論の計算を行うのは難しいので、古典的な宇宙、つまりアインシュタインの重力理論の宇宙に「量子的な補正」を加えた場合を扱う。それは古典論と量子論の中間なので半古典近似と呼ばれている。つまり、古典的な球のような空間から始めて、それが量子的にゆらぐ、と考えるのである。

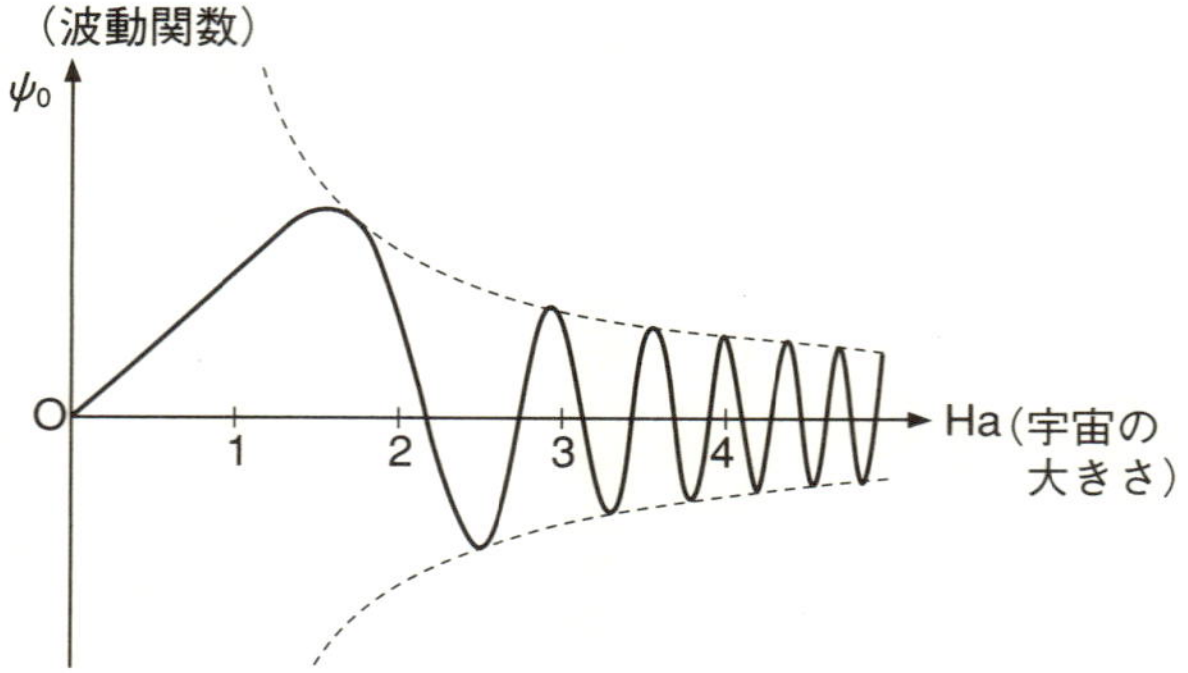

ホーキングとハートルが計算した宇宙の波動関数。前出のバネと錘の波動関数と比べていただきたい
「Wave function of the Universe」J. B. Hsartle and S. W. Hawking, Physical Review D28, 2960-2975（1983）より

図29　宇宙の波動関数

以上のような近似を使うと、宇宙の波動関数は、物質を別にすれば、「宇宙の大きさ」を表す一つの数字の関数とみなすことができる（図29）。

この宇宙の波動関数を前に出てきた「調和振動子」と「トンネル効果」の波動関数と比べてみよう。宇宙の波動関数の左の部分は、「小さな宇宙」の部分だが、トンネル効果のように左に向かって減衰している。右のほうは「大きな宇宙」だが、今度は調和振動子のように山と谷があって波動性が顕著になっている。

宇宙には「外」という概念が通用しないので、光子や調和振動子とちがって、誰がどうやって「観測」するのかは不明だが、量子宇宙論では、この波動関数を2乗することによって、どのような大きさの宇宙になるのかが確率的に決まると考える。

すんなりと書いてしまったが、これは、ある意味感動的だともいえる。なぜなら、いくら近似を使ったとはいえ、ホーキングは、宇宙全体に量子論を適用して、実際にその波動関数を計算してみせたのであるから。

もう一度、じっくりと宇宙の波動関数のグラフをご覧ください。

今、あなたは、かなり凄いものを目撃している……。

宇宙の境界条件は「境界が無い」こと

一つだけ書き忘れたことがある。それは波動関数の「境界条件」についてである。説明の便宜上、始点と終点を特異点だと言ってしまったが、実は嘘である。ホーキングは、彼独特の問題意識にしたがって、特異点を除去することを試みたのである。

そもそもホーキングが宇宙の波動関数なるものを考えた根本の動機は、量子論によって特異点をなくしてしまいたい、という強い願いだった。だから、宇宙に量子論をあてはめる際に古典論の特異点が残ってしまっては元も子もない。かといって、量子重力理論は完成していないのであるから、量子効果によって特異点が消滅する、ということは誰にも（ホーキングにも！）証明できない。

もちろん、アインシュタインの重力理論に量子論をあてはめると、どうやら時空そのものが不確定になって、それこそ泡のように空間の湾曲が生成されたり消滅したりするらしいことは予想されたから、特異点が「ぼかされて」ふつうの点になることはありえた。だが、それはあくまでも直観的な予想であり、誰にもたしかなところはわかっていなかった。

おそらく、ホーキングは、量子論をあてはめると自然に特異点が消えることを願っていたのだと思うが、1981年当時、彼の使っていた近似法で特異点が自然消滅することはなかった。

そこで、ホーキングは、思い切った発想の転換をするのである。

宇宙の波動関数の方程式を書いても、具体的にどのような宇宙がもっともらしいか、その確率を計算することはできない。なぜなら、波動関数を求めるためには問題に見合った「境界条件」を課さないといけないからだ。

卑近な例で説明するのであれば、たとえば縦笛を吹くときに笛の中の空気は振動するわけだが、どの指でどう穴をふさぐかによって波の状態は大きく変わってくる。あれは物理学のことばでいえば空気の波の境界条件を変えているのである。あるいはギターを弾くときに指で押さえるのも弦の境界条件を変えていることにあたる。

波動関数も波なので境界条件を決めてやらないと振動の仕方が決まらない。

宇宙の波動関数の場合、自然な境界条件は、ビッグバンとビッグクランチの2つの特異点のように思われる。

だが、ホーキングは驚くべき提案をしたのである。それは、

「宇宙の波動関数の境界条件は、境界が無いことである」

というものだ。

宇宙の膨張をイメージするのに風船をふくらます例をあげることが多い。風船の表面を宇宙空間とみなすのである。ただし、最初、風船は大きさがゼロである（＝特異点）。それに息を吹き込んで膨らませてゆく。

これを時空図で考えてみると、宇宙の空間は（風船の表面の拡がりを真上からカメラで撮ることになるので）「円」であらわされる。最初、円は半径がゼロで、時間とともに徐々に大きくなってゆく。

それは池の波紋や電球の光と同じような時空図である。

この時空図では宇宙の特異点は最初の「尖った点」であらわされる。これがわれわれのベート・ノワール（「黒い獣」＝大嫌いなもの）なのである。尖っているところがミソである。

ホーキングは、この尖った点を「丸く」均《なら》すことにより、特異点を除去することを思いついた。

数学的には、それは「時間を虚数にする」ことによって達成されるのだという。

なんとも常識では理解しがたい話だが、時間を虚数にすることは、ファインマンの経路和を宇宙にあてはめて計算するときに必要になるのである。（182ページのコラム参照）

「実際にこの総和を実行しようとすると、いくつかの深刻な技術上の困難にぶつかる。それを回避する唯一の方法は、つぎのような処方箋にしたがうことである。私やあなたが経験している

〝実時間〟ではなく、〝虚時間〟と呼ばれるものの中の、粒子経歴に対する波を加え合わせなければならないのだ」（『ホーキング、宇宙を語る』191ページ）

虚時間の正体

ここでホーキングがいっている「実時間」と「虚時間」についてはかなりの説明が必要だろう。これはホーキングの宇宙論を理解するための要《かなめ》であるとともに最難関でもあるので、はたしてうまくいくかどうか心もとないが、ちょっとがんばってみよう。

まず、今現在、われわれが時計で実感している時間は「実時間」である。アインシュタインの重力理論の枠組みでは、この実時間には「はじまり」がある。それがホーキングの証明した特異点にほかならない。

次に学校で教わったピタゴラスの定理（＝三平方の定理）を思い出していただきたい。ほら、直角三角形で「底辺の2乗＋高さの2乗＝斜辺の2乗」というやつだ。あの直角三角形を地図の上に描いてみれば、たとえば底辺にあたる道路の距離と高さにあたる道路の距離がわかれば、出発点から目的地までの直線距離、つまり斜辺を通った最短距離が計算できるであろう。たとえば東に4キロメートル歩いてから北に3キロメートル歩いたのだとすると、最初から北東方面に（斜辺に沿って）5キロメートル歩けば最短だった、という具合に計算することができる。

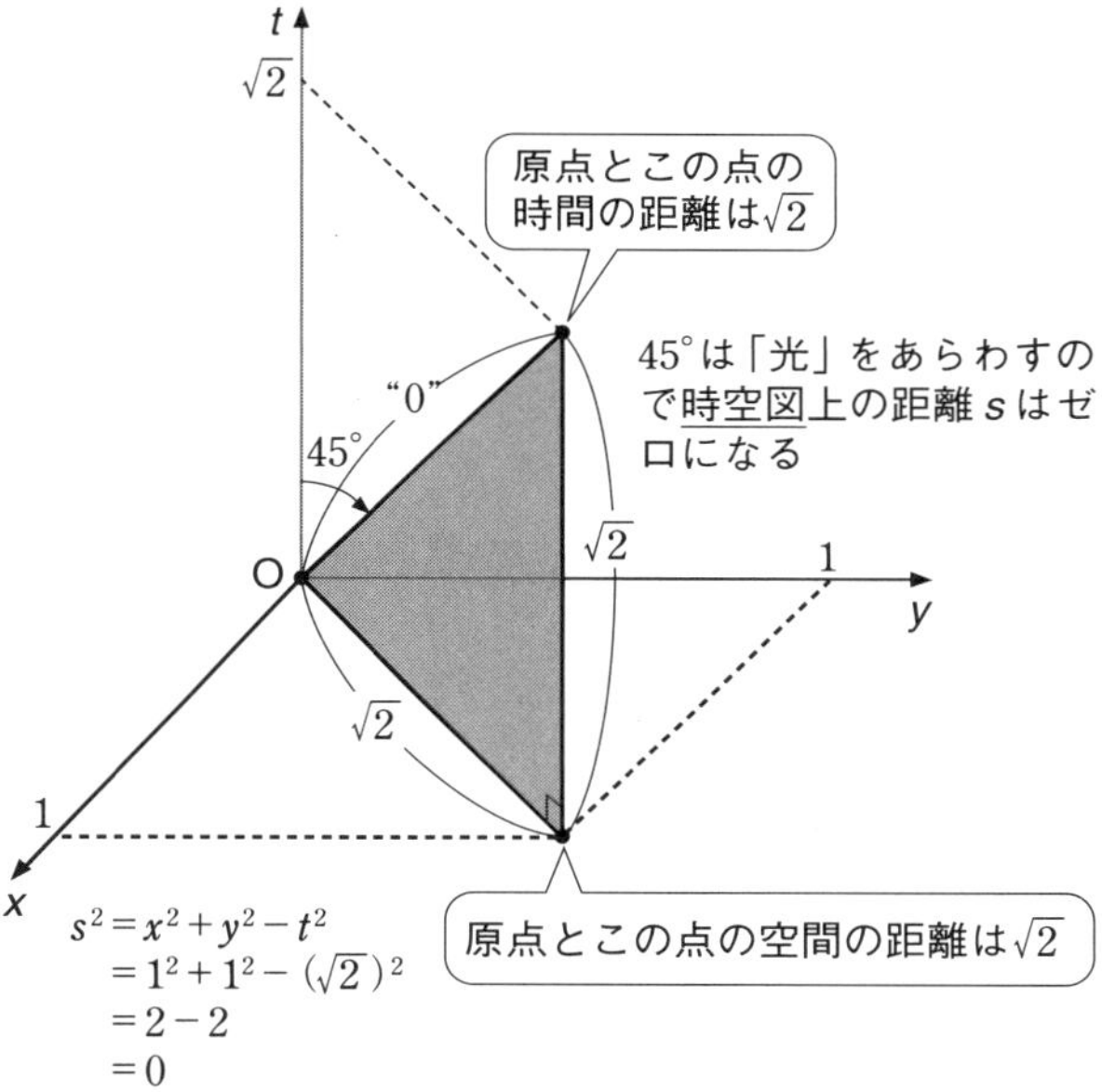

図30　時空図の中の2点間の距離

　アインシュタインの相対性理論では時間と空間はまったく別のものではなく、ある程度、同じものとして扱われる。だから、ピタゴラスの定理に時間方向も含めて、「底辺の2乗＋高さの2乗－実時間の2乗＝時空の距離の2乗」という恰好に拡張される。この公式は時空図の上で「時空の距離」を計算するのに使われる。わかりにくい人は、底辺をx、高さをy、実時間をtとおいてみてください(図30)。

　ここで一つ奇妙なことがあるのに気づかれたであろうか。

　そう、ピタゴラスの定理を拡張したはずなのに、なぜか実時間の前の符号はプラスではなくマイナスになっているのだ！

これはアインシュタインの相対性理論を学び始めた人なら誰しも経験することなのだが、このピタゴラスの定理は、たしかにきれいではないしおかしく感じられる。

実際、アインシュタインが最初に相対性理論を発表したとき、このマイナスが壁となって人々に理解されなかった節がある。アインシュタインの理論が一般に広まり始めたのは、彼の大学時代の数学の先生であったヘルマン・ミンコフスキーという人が、あるトリックを発明してからだったのだ。

そのトリックとは、実時間を虚時間に変えることであった。

虚時間とは（われわれが経験している）実時間に虚数をかけたものである。虚数とは2乗するとマイナスになるような数のことだ。ということは、仮に実時間を2乗してマイナス符号がでてくるのだとすると、それに対応する虚時間を2乗すれば符号はプラスになる。なぜならば、もともとの実時間の2乗によるマイナス符号が、余分な虚数の2乗によるマイナス符号とかけあわされて、「マイナス×マイナス＝プラス」という数学規則によってプラスに変身するからである。

ミンコフスキーは、

「アインシュタインのいっていることは難解にきこえますが、仮に時間を虚時間にしてみれば、時空の距離の計算式は、ありふれたピタゴラスの定理になるのです」

といってみんなを安心させたわけ。

つまり、実時間に虚数をかけてやると、「底辺の２乗＋高さの２乗＋虚時間の２乗＝時空の距離の２乗」という公式になって、これはピタゴラスの定理の素直な拡張になっているのだ。

実時間で考える時空のことを「ミンコフスキー時空」と呼ぶ。ミンコフスキーがそのような時空の幾何学的な秘密を解き明かしたからである。それに対して虚時間で考える時空のことを「ユークリッド時空」と呼ぶ。ピタゴラスの定理はユークリッドの幾何学でなりたつからである。

ホーキングは、このへんの事情を次のように語っている。

「できごとに実数の時間のラベルが貼られるような現実の時空では、時間と空間を区別するのはやさしい――時空内のすべての点で時間の方向は光円錐の内部にあり、空間の方向は外部にある。いずれにせよ、日常の量子力学に関するかぎり、虚時間とユークリッド時空を用いるのは、実時空についての答を計算するための、単なる数学的工夫（あるいはトリック）としてであると見なしてよい」（『ホーキング、宇宙を語る』１９２ページ）

単なる数学的なトリックであるにしても、とにかく、実時間をやめて虚時間にすれば計算ができるのである。

だが、この数学上のトリックには大きな「おまけ」がついていた。それを見るために、さきほどの風船でイメージする宇宙の膨張を実時間ではなく虚時間に沿って観察してみよう（図31）。

実時間は空間（底辺や高さ）と符号がちがっていたが、虚時間は符号が同じなので空間と区別できない。

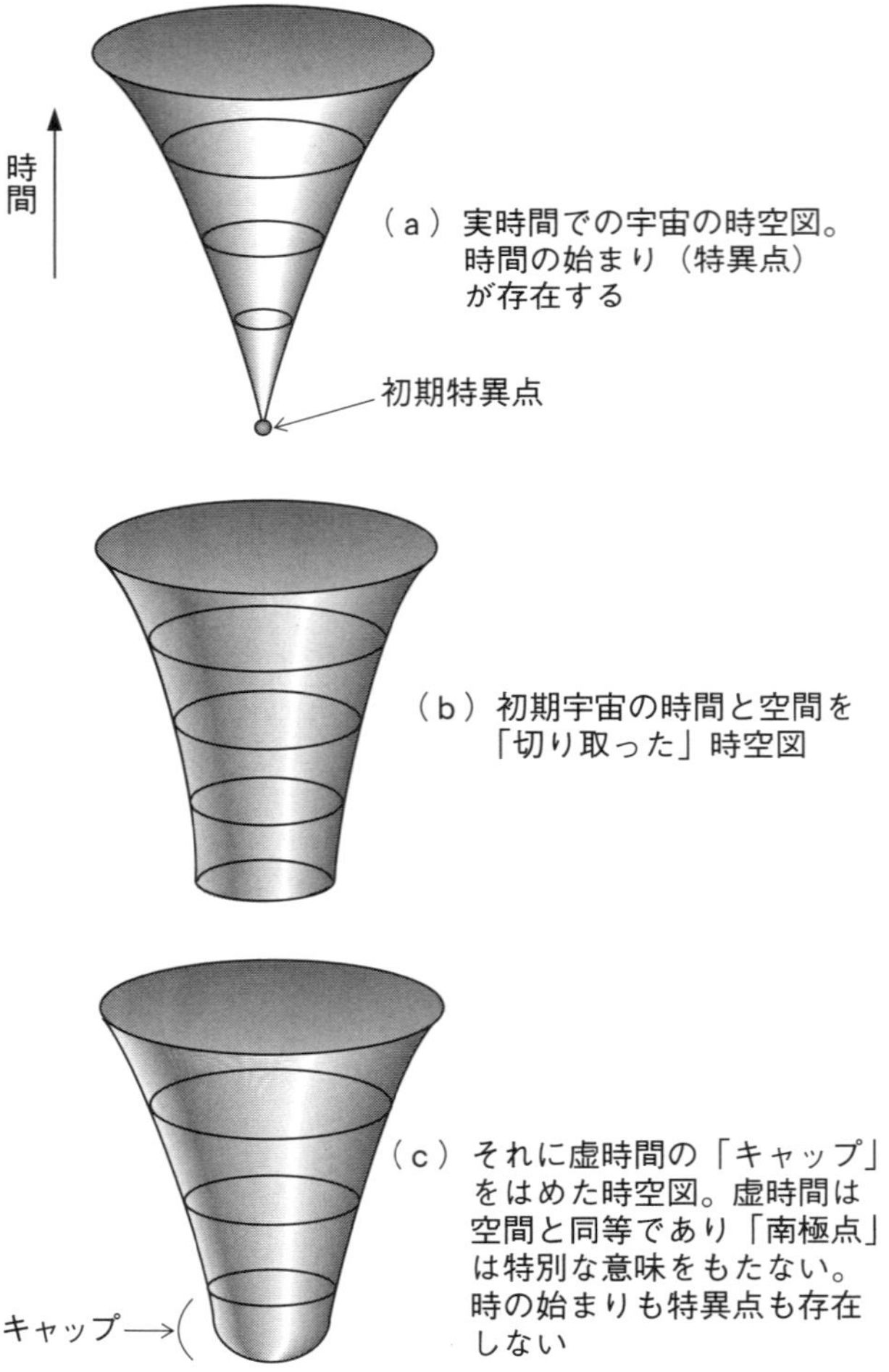

（a）実時間での宇宙の時空図。
時間の始まり（特異点）
が存在する

（b）初期宇宙の時間と空間を
「切り取った」時空図
（c）それに虚時間の「キャップ」
をはめた時空図。虚時間は
空間と同等であり「南極点」
は特別な意味をもたない。
時の始まりも特異点も存在
しない

図31　虚時間に沿って宇宙の膨張を観察する

宇宙の大きさは、さきほどの実時間の風船の時空図と同じように、徐々に大きくなる「円」であらわされる。

注目していただきたいのは、虚時間は、もはや空間と区別ができないために、球面上に張り付いていることだ。いいかえると、宇宙の空間の拡がりは依然として「円」で表現されるが、それは「緯度線」であり、虚時間は直交する「経度線」であらわされるのである。

実時間の時空図と虚時間の時空図とで、あまり差がないようにも見えるが、虚時間の時空図のほうは、「時間が空間と同等になった」ことにより、その「はじまり」が大きく異なっている。早い話が、尖っていたものが丸くなったのである。

それでも時間には「はじまり」（南極）があるじゃないか、と思われるかもしれない。だが、それはちがっている。試しに虚時間にそって過去（南）に戻ってみればいい。それは、経度線に沿って南極に向かって歩くことに相当する。すると、いつのまにか南極点を通過して、北に向かって歩いていることに気づくであろう。なぜなら、南極点には無限に深い穴があいているわけでもなく、そこだけ煮えたぎっているわけでもないからだ。虚時間における宇宙の時空図では、南極点は、他のどんな点とも同じなのであり、何か特別なわけではない。

いいかえると、ここには尖った特異点（密度も温度も無限大の時間のはじまり）は存在しないのである。

時間にはじまりがないということは、宇宙の波動関数を計算するときに始点がないということで、早い話が境界が消えたのである。境界が無になったのである。だから、このような特異点のなくなった虚時間の宇宙のことを「宇宙の境界条件は境界が無いことだ」といい、それを「無境界仮説」と名付けたのである。（ホーキングは時間の始まりだけでなく終わりもないと主張したが、ここでは話が複雑になるので触れない）

コラム 実数と虚数の指数関数

ファインマンの経路和の方法を宇宙にあてはめるとき、どうして実時間ではだめで虚時間なら大丈夫なのだろう？　ホーキングはそれを「技術上の困難」と表現しているが、これだけでは何のことやらさっぱりわからない。

その技術上の困難が具体的に何なのかは、学校で教わった指数関数を思い出していただければ、かなり精確に実情を理解することが可能だ。

指数関数は、急激に増大したり急激に減少するような関数で、たとえば経済学の複利計算に登場する。人口が爆発するとか宇宙が急激に膨張するときにも「指数関数的な増大」というようなことばを使う。

指数関数は通常（2乗するとプラスになる）実数の関数だが、虚数の関数にもなることができる。そして、虚数の指数関数は、なんと「波動」の性格を示すのである。具体的には虚数の指数関数は「三角関数」にほかならない。有名な「オイラーの公式」というのがあって、虚数の指数関数は三角関数と次のような関係にあるのだ。

$$e^{iS} = \cos S + i\sin S$$

なんとも不思議な関係だが、実数を虚数に換えるだけで、急激に増大したり減少していたものが「振動」になってしまうのである。

ファインマンの経路和の矢印は、実は、虚数の指数関数なのである。矢印の角度は、だから三角関数の角度にあたる。

宇宙の波動関数を計算するとき、たくさんの矢印を足すことになるのだが、三角関数の波をいくら足しても答えはでない。なぜなら、実際に無数の可能性があり、新たな経路（＝矢印）を足すごとに波が変動してしまって答えが収束しないからである。

ところがここで実時間を虚時間にすると、それまでの虚数の指数関数は実数の指数関数になり、経路和は急激に増大または減少するのである。ここに出てきた数式のSは時間の関数なので、実時間を虚時間にかえると、

$$e^{iS} \Rightarrow e^{-S}$$

という具合に、ほとんどの矢印は大きさがゼロになって、答えは収束する。

くりかえすが、実時間を虚時間にすると、経路和の計算にでてくる（振動して定まらない）虚数の指数関数が（急激に減少する）実数の指数関数になって、ホーキングのいう「技術上の困難」が取り除かれるのだ。

（ふたたび）無境界仮説と神の問題について

宇宙無境界仮説がどのような神学的な問題をもっているかについては、ホーキング自身が次のように語っている。
「空間と時間が、境界のない閉じた曲面を形成しているかもしれないという考えは、宇宙のできごとに対する神の役割についても、深刻な示唆をはらんでいる。（中略）宇宙にはじまりがあるかぎり、宇宙には創造主がいると想定することができる。だがもし、宇宙が本当にまったく自己完結的であり、境界や縁をもたないとすれば、はじまりも終わりもないことになる。宇宙はただ単に存在するのである。だとすると、創造主の出番はどこにあるのだろう？」（『ホーキング、宇宙を語る』２００ページ）
もちろん、ホーキングの仮説が実際に神の不在証明（アリバイ）になっている、と本気で信じている人は少ない。なにしろ、これは一仮説にすぎないからである。また、かりに宇宙の始まりが無境界であることが実証できたとしても、それは宇宙が自己完結したシステムだ、ということを主張しているのにすぎず、そのようなシステム全体を包含するような「神」を考えることを禁じはしない。

私はヨハネ・パウロ２世のいうとおり、神学と科学とは、人間の心の問題と実生活という別々の領域を担当すればいいのであり、科学理論により神を論じることも、神を根拠に科学理論を論じることも意味がないと考える。

しかし、ホーキングの提起した問題は、少なくとも一神教を奉ずるキリスト教およびイスラム教の世界に少なからぬ影響を与えたことは事実であろう。

虚時間に意味はあるのだろうか

それにしても虚時間とは何だろうか。われわれが時計で実感する時間は「実時間」である。だが、それだと宇宙の波動関数は計算ができない。それなら、ホーキングが宇宙の波動関数を計算するために必要だから、宇宙の時間は（ホーキングに合わせて）虚数になったとでもいうのだろうか。

むろん、そんな馬鹿なことがあるはずはない。

ここで思い出さなくてはいけないのがホーキングの哲学的な立場である。ホーキングは実在論者ではなく実証論者なのである。それも、かなり徹底的な。だから、「宇宙の時間は本当は虚時間なのですか？　それとも実時間なのですか？」というような質問は、そもそも科学的に正しい質問とはみなされない。

ホーキングは、こんなふうに語る。

「実時間では、宇宙は時空の境界をなす特異点にはじまりと終わりをもっており、そこでは科学法則は破れる。だが虚時間では特異点あるいは境界はない。だとすると、虚時間と呼ばれるのが本当はより基本的なもので、実時間と呼ばれているものは、われわれが考えている宇宙像を記述する便宜上、考案された観念にすぎないのかもしれない。しかし、（中略）科学理論はもともと、われわれが観測を記述するためにつくった数学的モデルに他ならず、われわれの精神の中にしか存在しないのである。だから、どれが実は〝実時間〟であり、〝虚時間〟であるのかとたずねるのは無意味だ。どちらがより有用な記述であるかというだけのことなのである」（『ホーキング、宇宙を語る』198ページ）

この答えに納得のいく読者もいれば、なかなか首を縦に振らない読者もいるだろう。私は個人的にホーキングのこの答えには不満を覚える。なぜなら、たしかに有用か否かで物理学の概念をあつかうことはかまわないが、現実問題として、（宇宙の始まりには行かれないにしても）たとえば勇猛果敢に宇宙船でブラックホールの中に突入した宇宙飛行士を待ち受ける運命は「どちらがより有用か」で決めるわけにはいかないであろう。特異点に近づきつつ、宇宙飛行士が、

「あ、何も起こらないや。つまり、虚時間が本当で、特異点は丸くなっているんだ。ラッキー！」

と叫ぶのか、そうではなく、

「やばい感じだ。実時間が本当だったようだ。無限大の密度と温度でオレの身体は溶けてゆくのだ」

と呟くのか、どちらかに決まるのではないのか？

　単に有用か否かですまされる問題じゃないだろう。

　ここでは、もう一歩踏み込んで実時間と虚時間の問題を考えるために、ユークリッド時空とミンコフスキー時空におけるピタゴラスの定理を検討してみよう。すでに出てきたが、ユークリッド幾何学がなりたつ世界と相対性理論の世界とでは、ピタゴラスの定理が、

$$ds^2 = dt^2 + dx^2 \quad （ユークリッド時空）$$

および

$$ds^2 = -dt^2 + dx^2 \quad （ミンコフスキー時空）$$

になる。dtもdxも実数である。

ユークリッド時空では、時空の距離dsがゼロになるのは、「底辺」dtと「高さ」dxの両方がゼロのときに限られる。それに対して、ミンコフスキー時空では、時空の距離dsがゼロになるのは「dtがdxに等しい場合」なのだ。

$$0 = -dt^2 + dx^2$$
$$dt = dx$$
$$\frac{dt}{dx} = 1$$

ポイントは、「時間」dtも「空間」dxもゼロでないにもかかわらず、時空の距離dsがゼロになることである。時空図上では、それは、グラフの傾きが1ということであり、すなわち「光速」を意味する。つまり、ミンコフスキー時空（それはわれわれが現在棲んでいる時空の良い近似である！）では、光は時空距離がゼロなのである。

ポイント　ミンコフスキー時空（実時間の世界）で「光」は時空距離がゼロ

相対性理論では光速が「宇宙最高速度」であり、あらゆる運動の「基準」でもある。その重要な光がいくら動いても、その時空距離はゼロなのだ。

いったい、それは何を意味するのであろうか。

ミンコフスキー時空において、時空距離dsがゼロでないものは、すべて光速より遅く動いている。だが、素粒子レベルでは、そういった遅いものも瞬間的には光速で動いている。光速より遅い素粒子はジグザグ運動をしているので、平均速度が光速以下になるのである。（ドイツ語で「ツィッターベヴェーグング」と呼ばれている現象）

どうやら物理学的には本質的には世の中に「光速」しか存在しないと考えてもいいようである。だとしたら、時空距離dsが「ゼロ」というのは運動の「基準」といってもいい。dsがゼロという状態が「あたりまえ」であり基準なのだ。だとしたら、時空距離dsがゼロでない状態は、単に「基準からのズレ」と考えられないだろうか。

もうちょっと突っ込んで考えてみよう。

時空距離dsがゼロの光の立場になって、世界がどう見えるか考えてみよう。

相対性理論では、（自分に対して）動いている物体は運動方向に縮んで、時間も遅くなる。それを「ローレンツ収縮」および「時計の遅れ」と呼ぶ。その縮む度合いと時計の刻みがゆっくりになる度合いは、相対速度とともに大きくなる。

それは、実は、空間と時間そのものが伸び縮みする現象である。

光の立場からは、周囲の世界は光速で動いているのだから、ローレンツ収縮により周囲の空間は運動方向にペチャンコに縮んで、周囲の時間は時を刻むのを止めることになる。時は止まり、空間の拡がりは消える。だから、時空距離dsがゼロというのは、まんざらおかしいわけでもないのだ。光にとっては、まさに時空距離はゼロに感じられるのだから。

というわけで、実時間を使うミンコフスキー時空上で時空距離dsがゼロというのは、文字どおり「時空距離がゼロ」なのだと考えることができる。

となると、ピタゴラスの定理で時間dtの前の符号がマイナスの「実時間」のほうが物理学的には「自然」なような気がしてくる。

はたして、宇宙にとっていちばん自然なのは、実時間なのか、それとも虚時間なのか?

個人的には、宇宙の初期においては、本当に時間は虚時間であり、宇宙が「トンネル」して実在してからは実時間になった、と考えたいが、相対性理論の精神からいえば、観測者によってちがった見方ができる、という可能性もあるだろう。もちろん、宇宙全体の波動関数を問題にしているときに誰がどうやって宇宙を観測するのか不明であるが。

この問題は、決着がついたというにはほど遠い情況だと思う。読者は、どのような印象をもたれたであろうか。

宇宙が加速膨張する、という最近の天文観測について

最近では、宇宙は収縮に転じてビッグクランチで終わるのではなく、アインシュタインが考案

した宇宙定数、いいかえると「万有斥力」によって永遠に膨張を続ける、という可能性も高くなっており、ホーキング自身も「サイエンス」誌のインタヴューに答えて、

「観測結果についてもっと時間をかけて考えてみたが、結果は良好に思われる。その結果、私は自分の理論的な先入観について考え直してみた。私は、今は宇宙定数があることが非常に合理的だと考えている」(Science 284, p.34, 1999)

といっている。

宇宙が宇宙定数により加速膨張する、という現実の観測結果は、宇宙無境界仮説から直接予言されることではなく、どうやらホーキングも充分には予期していなかったようだ。

それどころか、ホーキングは「赤ちゃん宇宙」とのからみで１９８４年に「宇宙定数はおそらくゼロである」という挑発的な題名の論文を発表しているのである。

つまり、現実の宇宙は、ホーキングが主張していたのとは正反対になっている可能性がある。

そこで、マスコミがこぞって、

「ホーキング先生、宇宙はあなたのおっしゃるように境界のないビッグバンから境界のないビッグクランチにいたるのではないようですし、宇宙定数も存在するようですが、ご意見は？」

と意地悪な質問をぶつけたのである。

ホーキングは窮地に立たされたはずだが、実は、そうでもない。

まず第一に、宇宙無境界仮説で丸く閉じた宇宙を扱ったのは、別にそれが宇宙の唯一正しい形

態だといいたかったわけではなく、単に数学的に美しかったからのようなのだ。また、宇宙定数についても慎重に「おそらく」ということばをつけているではないか。

実証論者のホーキングにしてみれば、自分の宇宙論のさまざまな可能性のうちの一つが天文観測と合えばいいだけの話であり、宇宙定数によって加速膨張する宇宙をホーキングが否定し去ったことはない。さらにいえば、ホーキングの宇宙論が効いてくるのは宇宙の初期段階であり、その後なんらかのいまだ考慮していない原因によって、宇宙が加速膨張に転じた可能性だってある。

もっとも、それでは、そもそも無境界仮説など提出する意味がない、と思われるかもしれない。現実の天文観測とまったく関係ないのでは机上の空論にすぎないからだ。

そこで、次に、ホーキングの宇宙論の予言と天文観測の関係について見てみることにする。

ホーキングの量子宇宙はインフレを予測する！

ホーキングと共同で宇宙無境界仮説を提出したジム・ハートルは、かつて同僚のマレイ・ゲルマンからこんな質問を受けたそうである。

「おまえさんは宇宙の波動関数を知っているんだろう。なら、なんで金持ちになれないんだ?」

ゲルマンは原子核をつくっている素粒子をクオークと命名したことで有名で１９６９年度のノーベル物理学賞を受賞している。ゲルマンのいわんとするところは、宇宙の波動関数が計算できるということは宇宙のあらゆる挙動が予測できる、ということにほかならないから、明日の株価だって皐月賞の勝ち馬だって、なんだって予測できてしまい、すぐに大金持ちになるはずだ、ということだろう。

　この意地悪な質問に対して、ハートルは、

「宇宙の波動関数は量子論なのだから、確率的な予言しかできない。おまけにそのほとんどは起きるかどうかが五分五分の確率になるんだよ。だから、あまり金もうけには役にたたんさ」

と答えたのである。

　というわけで、株価変動や馬券の購入にはあまり役立ちそうにないが、それでも五分五分ではなく、かなり高い確率で予測できることがらもある。

　まず第一にホーキングの量子宇宙は「インフレーション」を予測する。

　インフレーション宇宙とは、宇宙の最初期に起きた急激な膨張を指す。それは、喩えていうならば、小さな風船くらいの大きさの宇宙がアッという間に銀河系の大きさまで膨らむようなものだ。

　わかりにくい比喩で申し訳ない。わかりにくいだけでなく数字もきわめていい加減だ。もっと精確に説明しよう。

　まず、プランク時間とプランク長さという概念を理解する必要がある。それは、いわば時間と空間の最小単位のごときもので、それこそ特異点の次に問題となる宇宙のスケールといってもいい。それはきわめて小さい。それは量子効果により時空が泡のように生まれたり消えたりするときの泡の大きさとしてイメージできる。具体的には、プランク時間は10の43乗分の1秒で、プランク長さは10の35乗分の1メートルである。いいかえると、プランク時間は1秒を10で43回割ったものであり、プランク長さは1メートルを10で35回割ったものだ。

1メートルをプランク長さにまで縮めるのは、スケール的には、大きな銀河を水素原子より小さくしてしまうのと同じだ。

とにかく特異点ではなくプランク時間とプランク長さが時間と空間の「はじまり」だと考えていただきたい。

さて、インフレーションというのは、1億プランク時間くらいに始まる。これは1秒より全然小さい。そのときの宇宙の大きさは精確にはわからないが、仮に1億プランク長さくらいだとしよう。2億プランク時間には宇宙の大きさはその3倍になる。3億プランク時間には宇宙の大きさは9倍になる。そうやって1億プランク時間ごとに宇宙が3倍ゲームで膨張し続け、100億プランク時間になると膨張は止む。それまでに宇宙はどれくらい膨らむだろうか。3を100回かけてみてほしい。（ようするに想像を絶する膨張率ということである！　なお、3倍というのは精確には $e = 2.718\cdots$ のことである）

ちなみに100億プランク時間もいまだ1秒にはほど遠いので、まさにアッという間にインフレーションは終わる。

このインフレーション宇宙はもともとアメリカのアラン・グースや日本の佐藤勝彦らが考案したものだ。なぜ、このようなものが必要かといえば、インフレを仮定しないと宇宙のさまざまな観測事実が説明できないからである。

ここではそれを列挙することはしないが、たとえば、現在の宇宙空間の湾曲が非常に小さいこと、いいかえると宇宙が平坦であることなどもインフレーションによって説明がつく。仮に初期宇宙が大きく曲がっていたとしても、３の１００乗倍にドーンと膨らませたために、平らに見える、と考えればいいからだ。これは、ビー玉の表面は大きく曲がっているが、それを一気に地球の大きさにまで膨らませてしまえば、その表面に棲んでいる生き物には湾曲は感じられないのと一緒だ。

とにかく、宇宙のインフレは、多くの観測事実を説明するのに欠かせないのだが、ホーキングの量子宇宙は、自然に宇宙のインフレを予測する。

つまり、無境界から始まった（？）量子宇宙は、気がつくとどんどん加速度的に膨張してゆき、あっという間に巨大化するのである。

宇宙無境界仮説は銀河のタネを予測する！

ホーキングの量子宇宙は、インフレだけでなく、われわれの宇宙の銀河や星のタネも予測する。

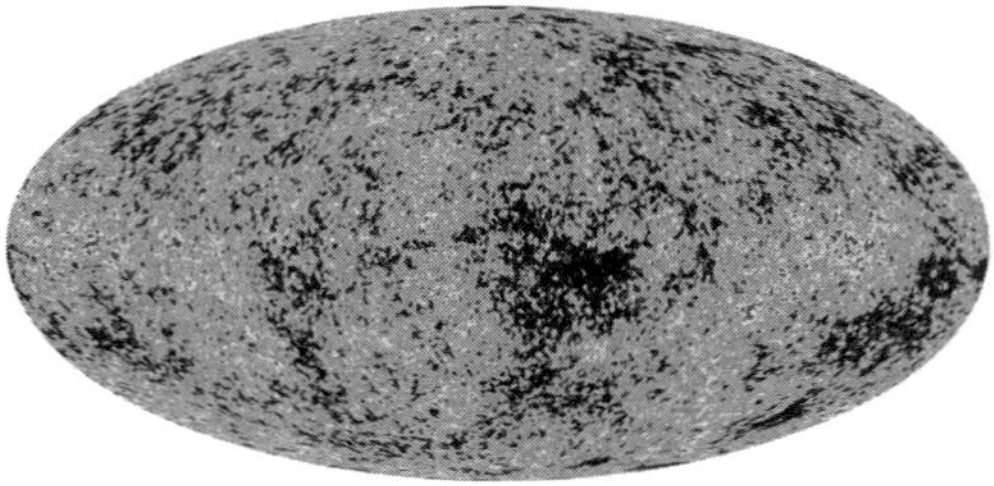

http://wmap.gsfc.nasa.gov/m_or.html より

図32　WMAP衛星がとらえた宇宙開闢38万年後（約137億年前）の宇宙の温度のゆらぎ

いったいどういうことだろう？

無境界から始まった宇宙の時空図を地球のような球で描いたことを思い出していただきたい。南極が虚時間のはじまりであり、虚時間は経度線なのであり、緯度線に沿った円周の長さが空間の大きさをあらわしていたのであった。

だが、実際には完全な球では困る。完全な球には細かい凸凹がない。アインシュタインの重力理論では、空間の凸凹こそが物質やエネルギーの存在を意味するので、ツルツルの球面には物質やエネルギーの偏りが存在しないことになる。われわれの宇宙の銀河や星は、もともと、初期宇宙のきわめて小さな空間の凸凹が成長してできたと考えられるから、完全にツルツルだと困るのである。

だが、ホーキングの宇宙は「量子」宇宙であるから、空間には量子的なゆらぎが存在する。つまり、本当は、虚時間の宇宙はツルツルの球よりも現実の地球の表面のように細かい凸凹があるのだ。

この凸凹、実は天文観測によって「見る」ことができる（図

32）。

これが現在の宇宙の銀河や星のタネというわけである。空気中の小さな塵がタネとなって、そのまわりに雪の結晶が成長するように、空間の量子的な凸凹がタネとなって、そこから銀河や星が成長するのである。

この初期宇宙の観測結果は、ホーキングの量子宇宙の予言とよく一致する。

時間の矢

無境界仮説と密接に関係しているのがホーキングの「時間の矢」仮説である。

もともとホーキングは特異点ではなく、

「なぜ宇宙の時間は一方通行なのか？」

という哲学的問題を考えていたらしい。

ホーキングは当時のことをこんなふうに回想している。

「30年前に私が研究をはじめたころ、私の指導教官のデニス・サイアマが宇宙論における時間の矢をやるようにしむけた。私はケンブリッジの大学図書館に行ってドイツの哲学者ライヘンバッハの書いた『時間の方向』という本を探した」（『無境界仮説と時間の矢』竹内訳）

残念ながら本はプリーストリーという作家が借り出していたので、ホーキングは本を予約した。じきにプリーストリーから本が廻ってきたのだが、ホーキングはその内容に失望した。宇宙論の研究とはほど遠い分析だったのだ。

次にホーキングはお師匠さんのサイアマにいわれて、ホガースというカナダ人の本を読んでみた。すると、そこには、宇宙の時間の矢は、電磁気学と関係がある、と書かれていた。

「この本を読んですぐ、1964年にコーネル大学で時間の向きに関する会合が開かれた。参加者の中にはミスターXという人物がいた。彼は、その会合のあまりの馬鹿さ加減にうんざりし、自分の名前を出さないよう主張したのだ。もっとも、ミスターXが実はファインマンであることは公然の秘密であったのだが」(「無境界仮説と時間の矢」竹内訳)

ミスターXによれば、電磁気学の時間の矢は、ふつうの統計力学からくるのだという。

ホーキングは、ファインマンの忠言を頭に留めつつも、研究課題をもっと結果が早く出そうな特異点に絞っていった。

だが、やがて、無境界仮説を提出してから、ふたたび積年の疑問にアタックすることに決めたのである。

ホーキングによれば「時間の矢」には3種類ある。

1　熱力学的な時間の矢

２　心理学的な時間の矢
３　宇宙論的な時間の矢

熱力学の時間の矢は、本書ですでにお馴染みのエントロピーと深く関係する。エントロピーは時間とともに増大する。いいかえると乱雑さは増すばかりである。部屋は放っておくと散らかるだけであり、覆水は盆に返らない。ものごとがどんどん乱雑になる方向こそが未来であり、それが熱力学的な時間の矢なのだ。

ファインマンは統計力学といったが、その意味は、この熱力学の時間の矢と同じである。次に心理学的な時間の矢だが、ホーキングが洒落《しゃれ》た表現を使っている。

「われわれは過去を憶えているのに、なぜ未来を思い出せないのだろうか？」（『ホーキング、宇宙を語る』２０２ページ）

われわれは時間が「経つ」という実感をもっている。それが心理学的な時間の矢である。

最後に宇宙論的な時間の矢だが、これは、次のようなものだ。

「なぜわれわれは、熱力学的な時間の矢と宇宙論的な時間の矢が同じ方向を指していると観測するのだろうか？　別の言い方をすればこうなる。なぜ無秩序は、宇宙が膨張するのと同じ時間の方向に増大するのか？　また、無境界説は宇宙が膨張し、その後ふたたび収縮することを意味しているように見えるが、もしこれを信じるのであれば、この疑問はつぎのようにも言える。われ

われはなぜ膨張期にいて、収縮期にはいないのか？」（『ホーキング、宇宙を語る』２１１〜２１２ページ）

３つの矢を順に考えてゆこう。

まず、ホーキングは、心理学的な時間の矢を論ずるのにコンピューターをもちだす。なぜなら、心理学的な時間の矢は人間の脳の「記憶」と密接に関係しているにちがいないが、残念ながら現在の科学水準では、人間の脳の記憶メカニズムは完全には解明されていないからだ。しかし、ロボットの人工頭脳に組み込まれた記憶装置を考えることは、人間の脳の記憶について考えるのと同じだ、というのである。実際、ホーキングは、

「もし同じでないとすると、明日の株価を憶えているコンピューターを手に入れて、株売買で大もうけできるだろう！」（『ホーキング、宇宙を語る』２０６ページ）

とジョークを飛ばして、心理学的な時間の矢を論ずるには、コンピューターの記憶装置を考えれば充分だと断言する。

さて、コンピューターの記憶装置に何かを記憶させるとしよう。すると、それには部品が作動しないといけないし、熱も発生するであろう。熱が発生すると周囲の環境も含めて、全体としては乱雑さが増す。だから、記憶には、エントロピーの増大がつきものだ、ということになる。過去を憶えていて未来を憶えていない心理学の時間の矢は、だから、熱力学の時間の矢とまったく同じなのだ。

厳密には、コンピューターの記憶装置の場合、記憶するときではなく記憶を「忘れて」装置をリセットするときにエントロピーの発生が避けられないことが証明されている。だが、無限に大きな記憶装置があるわけではないので、いずれは忘れないとだめだから、ホーキングの議論に破綻はない。

というわけで、ホーキングによれば、熱力学的な時間の矢と心理学的な時間の矢は同じものということになる。それでは、この2つの時間の矢が「どこ」からくるのかといえば、もちろん、「無境界仮説」である。

「無境界仮説は宇宙の一方の端っこが滑らかで秩序ある状態にあることを予言する。しかし宇宙が膨張してふたたび収縮する間に凸凹は増大する。このような凸凹は星や銀河の形成へとつながり、したがって知的生命体も発達する。この生命は主観的な時間の感覚、いいかえると心理学的な時間の矢をもっており、それは無秩序が増大する方向を向いている」（「無境界仮説と時間の矢」竹内訳）

なるほど。

たしかに虚時間の無境界の「南極」は完全にツルツルではなく、量子的なゆらぎにより多少凸凹しているが、ゆらぎは小さい。その小さな凸凹がタネとなり、やがて銀河や星といった構造がお目見えする。そのうち星の周りの惑星に知的生命体が出現する。無境界のころと比べれば、そりゃあ、銀河や星や宇宙人が出現したときのほうが乱雑でエントロピーも増大していることであろう。

凄いゾ、無境界仮説！

だが、まだ最後の難関が残っている。それは、宇宙論的な時間の矢の問題だ。あらかじめ申し上げておくが、ホーキングは、最近になって加速膨張する「開いた」宇宙を認めるまでは、長い間、膨張してから収縮に転ずる「閉じた」宇宙を好んでいた。そのほうが数学的に美しいと感じていたからだ。だから、ここでの議論も、膨張期を過ぎたら、やがて収縮に転ずるような宇宙を念頭においている。

宇宙論的な時間の矢に対するホーキングの答えはこうだ。

「残る疑問は、なぜ心理学的な時間の矢が宇宙論的な時間の矢と一致するかである。いいかえると、なぜわれわれは宇宙が収縮すると言うかわりに膨張すると言うのだろう？　この疑問への答えはインフレーションと弱い人間原理の組み合わせからくる。かりに宇宙が数十億年前に収縮しはじめたとしよう。だが、インフレーションは、宇宙が臨界質量にきわめて近いことを意味するので、現在の宇宙年齢よりもはるか先になるまで膨張をやめないだろう。その時までには、すべての星は燃え尽きているだろう。宇宙は冷たく暗い場所となり、生命もずっと以前に死に絶えているにちがいない。したがって、われわれが存在して宇宙を観測しているという事実により、宇宙が収縮ではなく膨張している時期にわれわれがいないといけないことになるのだ」（『無境界仮説と時間の矢』竹内訳）

なんだろう、コレ。

ちょっと解説が必要だ。

まず、宇宙の臨界質量というのは、宇宙の未来を決める「宇宙の体重」のことである。体重が軽いと、宇宙はずっと膨張を続ける。それが開いた宇宙だ。体重がピッタリでも、宇宙はずっと膨張を続けるが、膨張の速度は少し遅くなる。体重が重いと、宇宙はやがて自らの重力によって収縮に転ずることになる。（現在の宇宙は、体重はピッタリだが、膨張を加速する宇宙定数があるので話は複雑になるが）

次に「人間原理」というのは、「人間がいて宇宙を観測するから宇宙はこうなっている」という論法であり、ようするに、「なぜ、宇宙は、今のような美しい星が輝く世界であり、ブラックホールばかりの真っ暗な世界じゃないのか、あるいは灼熱地獄じゃないのか」というような疑問に答えることができる。「弱い」人間原理があるのなら、「強い」人間原理もあるのだろうか？

あります。

弱い人間原理は、われわれの宇宙だけを問題にする。それに対して強い人間原理は、無数の平行宇宙を考えて、そのおのおのが少しずつちがった物理的な条件をもつと考える。たとえば宇宙1は宇宙2よりも重力定数が少し弱いとか……。そのうえで、なぜ、われわれがこの宇宙にいるのかを問題にする。

ホーキングは、インフレーションが起きることから、宇宙は収縮に転ずるにしても、かなり時間がたってからのことだと考えた。そして、そんな未来には人間は死に絶えているから、絶対に宇宙が収縮する様子を観測できない、というのである。

現在は、宇宙が将来的に収縮に転ずる可能性はきわめて低いことが天文観測によって明らかになっている。だから、遠い未来の宇宙の収縮期には知的生命体が存在できない、というホーキングの議論は少し虚しい。

とはいえ、永遠に膨張をつづける宇宙の場合、宇宙論的な時間の矢はそのまま熱力的な時間の矢とみなすことが可能だろう。そして、その起源は、やはり無境界なのである。

コラム

赤ちゃん宇宙

宇宙に量子論をあてはめると、いろいろと面白い現象が起こりうる。ホーキングの専門論文から引用してみよう。

「まともな量子重力の理論においては、時空のトポロジーは平らな空間とは異なることが可能でなければならない。そうでないと、閉じた宇宙やブラックホールを記述することができなくなってしまう。おそらく、その理論はあらゆる可能な時空トポロジーを許すべきだろう。特に、その理論は、われわれの漸近的に平坦な時空領域から、閉じた宇宙が枝分かれしたり、継ぎ足されたりすることを許すべきである。もちろん、そのようなふるまいは、実数で非特異的なローレンツ計量においては不可能だ。しかしながら、今や量子重力がユークリッド領域で定式化されなければならないことは誰でも知っている。そこではまったく問題はない。それは単なる配管の問題にすぎないのだ」（『時空のワームホール』竹内訳）

つまり、宇宙に量子論をあてはめると、宇宙のトポロジー、いいかえると「恰好」そのものが不確定になるというのだ。

イメージとしては、ニュートンの宇宙が硬い鉄板の時空だとすれば、アインシュタインの宇宙はゴムのように凹《へこ》む時空であり、ホーキングの宇宙はそのゴムの表面が泡みたいになっている感じか。その泡がわれわれの時空から離れて独り立ちすると別の宇宙になるわけだし、どこかから来た泡がわれわれの宇宙にくっつくことだってある。

ホーキングは、ブラックホールが「別の宇宙」への入り口なのではないかと考えている。だとすると、ブラックホールに落ちた粒子は、別の宇宙に入っていっただけのことなのだ。

ホーキングのアイディアは、同時期にいろいろな人が提出したインフレーション宇宙から生まれる「赤ちゃん宇宙」と近く、その後、さまざまなバリエーションが生まれた。

その具体的なメカニズムは理論によって大きくちがうが、「量子効果により時空構造そのものが変化を受けて、次々と枝分かれしてゆく」という基本的な考え方は共通している。

もし、そのようなことが量子重力の普遍的な性質だとしたら、当然、次のような疑問が湧いてくる。

「はたして実験室内で（別宇宙への扉である）小さなブラックホールがつくれるだろうか？　また、ある日突然、別宇宙からの扉が目の前に開くこともあるのだろうか？」

ここでは、最初の疑問に対する一つの答えをご紹介しておこう。インフレーション宇宙を提唱したアラン・グースがエドワード・ファーリと書いた「実験室で宇宙を創る場合の障害」という論文だ。

まず、われわれの宇宙がインフレーションを起こすためには、最初の宇宙全体の重さは10キログラムもあれば充分だったことが指摘される。だとしたら、誰かが実験室の中で10キログラムのお米を使って小さな宇宙を創ったとしても不思議ではない。ただし、その10キログラムを10の26乗分の1メートルくらいまで圧縮しないといけないので、それが技術的に可能かどうかが問題となる。

で、結論としては、グースらによれば、

「始めに特異点が必要になることは、実験室内でインフレーション宇宙を創る場合の越え難い障壁になるように思われる」

となって、どうやら、特異点がないと新しい宇宙はできないらしい。

それならホーキングの考えはダメなのかといえば、そうでもない。グースらの論文は、古典的なアインシュタインの重力理論の枠組みでの限界を示しているのであり、ちょうど、ホーキングの特異点定理のような位置づけにあるからだ。

量子効果により、枝分かれする赤ちゃん宇宙の始まりには特異点は必要なくなるだろう。

ショートショートでご紹介した「音ルミネッセンス＝ホーキング放射仮説」がブラックホールの形成と蒸発、すなわちホーキング放射だと主張する物理学者がいる。もし本当だとすれば大変なことだが、さすがに科学界では異端の意見に属しており、ほとんどの科学者は音ルミネッセンスの泡がブラックホールと関係するとは考えていない。あくまでもＳＦなのである。（ただし、ショートショートの結末のごとく、別の物理定数をもつ赤ちゃん宇宙なら、音ルミネッセンスが空間に「穴」をあけるほど強くなって、ホーキング放射と関係することもあるかもしれない！）

虚時間宇宙・その後の展開

ホーキングが虚時間の無境界宇宙仮説を提出してから早くも20年以上の月日が経った。（ホーキングとハートルの論文は１９８３年に出ている）

今、ホーキングの仮説はどのような位置づけになっているのだろう？　初期宇宙が虚時間であったことは証明されたのだろうか、それとも否定されたのだろうか？

初期宇宙がホントに虚時間だったのかどうかについては、ホーキング自身も微妙な発言を続けていた。

「境界が存在しないことは、虚時間においては、物理法則が宇宙の状態を一つに決めることを意味する。だが、もし虚時間における宇宙の状態がわかれば、実時間における宇宙の状態も計算することができる。実時間においては依然として一種のビッグバン特異点が存在すると予想される。実時間においては依然として始まりがあることになる。だが、宇宙がどうやって始まったかについて、宇宙の外の何者かの助けを借りる必要はない。どうやって宇宙がビッグバンから始まったかは虚時間における宇宙の状態により決定されるのだ。したがって、宇宙は完全に自己完結した系になる」(「時の始まり」http://www.hawking.org.uk/lectures/lindex.html、竹内訳)

これはホーキングの一般向けの講演録から採ってきたものだが、どうやら、虚時間の本当の意味は、境界をなくすことというよりも、むしろ時の始まりにおいて物理法則をちゃんと機能させることにより、宇宙を自己完結的にすることにあったようだ。

宇宙の始まりは実時間だったのか、虚時間だったのか、という質問はホーキングにとっては意味をなさない。どちらでもかまわないのだ。ただ、実時間では物理量が定義できない(＝無限大になる!)のに対して、虚時間では物理量が通常のふるまいをするので、虚時間を使うほうが便利なのである。

それでも読者は混乱するかもしれないし、私も混乱気味であるが、このような初期宇宙の動向について、最近の物理学ではどう考えているのだろうか。

重力理論に量子効果を採り入れたものとしては超ひも理論のほかに「ループ量子重力」といわれる分野の進展が著しい。いよいよ初期宇宙の研究も本格的に量子論が組み込まれてきた感じだ

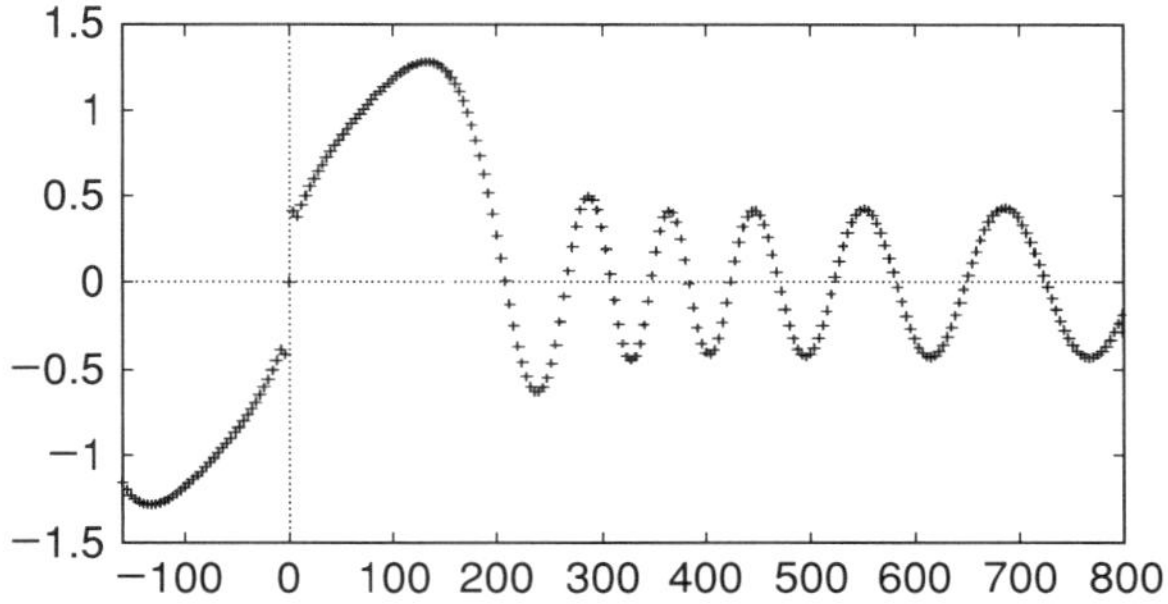

図33　ループ量子重力理論によって計算された宇宙の波動関数

が、たとえば、宇宙の波動関数は、こんな恰好になるという計算結果がある（図33）。

宇宙の大きさ（の逆数）もデジタルになっていて、このような宇宙では、量子効果によって特異点が回避されることもわかっている。

つまり、ホーキングとハートルの提案では、無理矢理、宇宙の始まりに丸い虚時間のキャップをはめたような気持ち悪さがあったが、最近では、ごく自然に量子重力理論の帰結として、宇宙の始まりの特異点は消滅しているようなのだ。それはツルツルのキャップというよりは、時空が量子的にゆらいでいるために特異点が（インクがにじむように）ぼやけてしまったようなイメージなのである。不確定性が効いている、といってもいいだろう。

このような最新の計算結果が正しいとすると、ホーキングの直観は正しかったが、彼の提案は人工的すぎた、ということになるであろう。時の始まりは量子の不確定性が支配する。そう考えたホーキングの予測は正しかった。だが、彼の時代には、それを計算するだけの理論が存在しなかった。

超ひも理論やループ量子重力理論といった「量子重力理論」の候補からは、ブラックホールのふるまいについて、ホーキングの結論を支持する計算結果が出ているが、初期宇宙のふるまいについては、ホーキングの結論を修正する計算結果が提出されている。

今の時点では、ホーキングの理論について、次のような暫定的な評価を与えることができるだろう。

ホーキング理論の評価　ホーキングはブラックホールについては正しかったが、初期宇宙については人工的すぎた

どうやら、虚時間と宇宙無境界仮説は、科学史の1ページに残って、やがては忘れられる存在になりそうだ。それでも、ホーキングのアイディア自体は、形を変えながらも連綿と受け継がれてゆくことだろう。

コラム　家族との諍《いさか》い

ホーキングの人生のどこで異変が起きたのかは定かでないが、ある時点から以降、ホーキング家はバラバラになり最終的に「崩壊」した。１９９０年にホーキングは長年連れ添ってきた妻のジェーンと離婚する。世界的なベストセラーとなった『ホーキング、宇宙を語る』が出版されたのが１９８８年だから、ホーキングが物理学界の著名人から、一躍、世界的なスターダムにのし上がった直後ということになる。

なぜ、ホーキングと妻のジェーンは、25年の結婚生活に終止符を打ったのだろう？

ジェーン自身は大変知的な女性だったが、自らの人生のほとんどを夫と子供の世話に費やしたといっても過言ではない。通常、ふたりの離婚の原因は、ホーキングの「無境界仮説」と神の役割への言及にある、といわれている。敬虔《けいけん》なクリスチャンだったジェーンは、ヴァチカン会議で公にされた夫の仮説が意味するものを受け入れることができなかったというのだ。

ホーキングは、妻のジェーンが家族の友人であるジョナサン・ヘリヤー・ジョーンズと親しくなりすぎたのが原因だといい、ジェーンは夫が看護人のエレイン・メイスンと不倫をしたのが原因だという。

エレインの夫はコンピューター技師で、ホーキングの車イスに発話のためのコンピューターを取り付けた人物だ。ホーキングとエレインは、互いの子供が通う学校で知りあったのである。

ホーキングはジェーンと離婚し、エレインも夫と離婚し、ホーキングとエレインは１９９５年に再婚した。

その後、ホーキングもジェーンも離婚については公に語っていないこともあり、ゴシップ紙からインターネットの掲示板まで、実にさまざまな憶測が飛び交うこととなった。

驚いたことに警察沙汰になった事件もある。いや、ならなかった、というべきか。

たとえば1999年の11月にホーキングは手首を骨折している。ホーキングの娘のルーシーによれば、新しい妻のエレインによる虐待が原因だというのだ。さらには2000年の11月にもホーキングは救急病院に担ぎ込まれた。なんと、腕と手首を骨折し、顔に深い傷を負い、唇は割れ、打撲で目の周りには黒い痣《あざ》がみられたのだという。当然のことながら警察が捜査を開始したが、ホーキング自身は、エレインによる虐待ではなく、自分で車イスから落ちた、と主張した。(サンデー・ミラー紙、2000年11月12日号、Millicent Brown)

2003年の8月には、ホーキングが身体中に火傷を負ったことがあり、娘のルーシーが警察に通報している。強い陽射しのもと、車イスに座ったまま、一日中屋外に放置されたのだという。だが、ホーキング自身は事件性を否定している。ホーキングの元個人秘書のスー・メイシーという人物はヴァニティ・フェア誌に「虐待の結果を見た人は何人もいる」と述べてエレインを責めている。(デイリー・メイル紙、2004年5月6日号、Annette Witheridge)

こうした「嫌疑」については慎重に扱うべきであろう。実際、タブロイド紙やゴシップを扱う雑誌には記事があふれているものの、タイムズ紙のような高級紙には、ホーキングが虐待されている、というような記事はほとんどみられない。

娘のルーシーは実際に警察に相談をし、警察も事情聴取をおこなっているが、ホーキング本人はきっぱりと事件性を否定している。

ホーキングの離婚・再婚劇は家族間に深い溝を残したようだ。だから、娘のルーシーがホーキングの再婚相手のエレインに対して悪感情を抱いたとしても不思議ではない。また、『ホーキング、宇宙を語る』の莫大な印税を誰が相続するのか、というきな臭い問題も存在する。

以前は大勢の家族や友人に囲まれていたから、怪我をしたとしても、みんなにその情況がわかっていた。だが、世界的な有名人となり、離婚と再婚を経験したホーキングの周囲には、無名時代に彼を支えた家族や友人ではない、別の人物が寄り添っている。ホーキングの伝記にも、「別離が、関係者のだれにも劣らずスティーヴンに深い傷を負わせたことは疑いない。有名なホーキング・スマイルを見せることもいまや稀《まれ》になったという」（『スティーヴン・ホーキング』）というような記述がある。

私は、ふと、ホーキングが辿った科学者および夫としての人生が、アインシュタインに似ているな、と思った。

アインシュタインも若い時代を支えてくれた最初の妻ミレーヴァと離婚して、世界的な名声を博したときに傍にいたのは再婚相手のエルザだった。エルザはアインシュタインの従姉であり、単身赴任中に病気になったアインシュタインを看病したことで知られる。

ホーキングの再婚相手のエレインも、最初は看護チームの一員であり、やがて、ジェーンよりもホーキングの身辺の世話を焼くようになり、出張にも付き添うようになり、最終的にホーキングと結婚したのである。

ひとつだけたしかなことは、『ホーキング、宇宙を語る』の成功とともに、ホーキングと家族が、何かを得、それと引き換えに何かを失ったことだろう。人の心は移ろうものであるし、それは、天才物理学者とて例外ではない。

私としては、ゴシップ的な情報には惑わされず、この天才の晩年の幸せを祈るしかない。

コラム

世紀の賭け3

裸の特異点が見えるかどうかの賭けに一度は負けたホーキングは、さらに条件を厳しく制限して賭けを続行した。きわめて人工的で不自然な情況は除いて、「自然には」裸の特異点は見えない、という賭けに出たのだった。

その仕切り直しの賭けの翌日、ホーキングは、今度はキップ・ソーンと組んでジョン・プレスキルと別の賭けをすることにした。

その内容は次のとおり。

「スティーヴン・ホーキングとキップ・ソーンは、ブラックホールに呑み込まれた情報は外部宇宙からは永遠に隠されて、ブラックホールが蒸発して完全に消滅しても露《あらわ》になることはない、と堅く信じている。

それに対してジョン・プレスキルは、量子重力の正しい理論においては、蒸発するブラックホールから解き放たれる情報のメカニズムが発見されなければならず、発見されるだろうと、堅く信じている。

したがって、プレスキルは、以下のような賭けを提案し、ホーキングとソーンはそれを受けるものとする：

『始めの純粋な量子状態が重力崩壊を経てブラックホールになるとき、ブラックホールの蒸発後の終状態は常に純粋な量子状態になる』

敗者は、勝者が選んだ百科事典を勝者に贈るものとする。そこからいくらでも情報が回収できるように」

日付は1997年2月6日で場所はカリフォルニア州パサデナで3名の署名がある。

本書の序章の冒頭でもご紹介したが、これが物理学界を二分して長期にわたり争われてきた「ブラックホールの情報パラドックス」と呼ばれる問題だ。

結果的にホーキングは負けを認め、プレスキルは、（アメリカ人らしく？）野球の百科事典を手に入れた。

この賭けの問題の本質とその解決策については終章でまとめてみたいと思う。

■ホーキング語録■　宇宙の収縮期に時間の矢が逆転する、という主張の誤りを認めて

収縮期に時間の矢が逆転するというアイディアはすばらしいものに思えた。だがフィジカル・レヴュー誌に論文が受理された直後、レイモンド・ラフラムとドン・ペイジと議論をした結果、私は矢が逆転するという予測はまちがっていたと確信した。そこで論文の最後に、エントロピーは収縮期にも増えつづける、という注釈をつけたのだが、きちんと説明する論文を書く前に肺炎になってしまった。（中略）これは私の最大の過ちである。少なくとも私の科学における最大の過ちである。私はかつて、科学者が自らの説の誤りを認めて撤回するための雑誌があるべきだと考えたことがある。もっとも、そんな雑誌に投稿する人はあまりいないだろうが。（「無境界仮説と時間の矢」竹内訳）

■ホーキング語録■　ブラックホールに呑み込まれた情報が消滅することを主張して

アインシュタインは「神はサイコロ遊びをしない」と感じたため、量子力学の予見不可能性にまったく満足できなかった。しかし、私の結論は「神はサイコロ遊びをするだけでなく、ときにはサイコロを見えないところへ投げてしまう」ということを意味する。（「重力崩壊における予見性の破綻」竹内訳）

終章

賭けに負けっぱなしではあるけれど（情報のパラドックス）

本書もおわりに近づいた。ホーキングの業績は実に多岐にわたり、蒸発するブラックホールや宇宙無境界仮説以降も精力的な研究活動が続いている。だが、あまりにたくさんのことを述べようとすると焦点がぼやけてしまう。だから、本書では、ホーキングの物理学の「要《かなめ》」である「特異点」と「事象の地平線」をめぐる知的な攻防に話を絞って解説するよう心がけたつもりだ。すでに本書の序章や冒頭ショートショートやコラムで触れてきたが、ホーキングの人生最大の攻防戦はブラックホールの情報パラドックスであろう。

そこで本書のトリとして、ホーキングの負けに終わった戦いの本質を（あえてホーキングの長年の宿敵の論文を読むことにより）解き明かしてみたい。

1942年生まれのホーキングは2002年に還暦を迎えた。それを記念してシンポジウムが開催され、世界各国から相対論や量子論の専門家が集い、ホーキングの業績を讃えた。

その中にホーキングの長年の論敵、スタンフォード大学のレナード・サスカインドがいた。ホーキングとサスカインドは20年の長きにわたりブラックホールの情報パラドックスに関して論争を戦わせてきたのである。そして、良きライバルの還暦のお祝いとしてサスカインドが贈ったのが「スティーヴンとの20年にわたる論争」と題する小論だった。

それはこんな文句で始まる。

「スティーヴンは誰もが知っているように宇宙でいちばん頑固で腹の立つ人間です。私自身の彼との科学における関係は宿敵といってもいいでしょう。われわれはブラックホールや情報やなんたらかんたらの深い問題について正反対の意見をもっています。彼のおかげで私がフラストレーションのあまり自分の頭髪を引きむしったことさえあります。ほら、こんなざまになってしまったのです。20年前にわれわれが論争を始めたとき、私の頭髪はふさふさしていたのですがね」(「スティーヴンとの20年にわたる論争」竹内訳)

ユーモアと皮肉には同じ武器で返す。

まさに宿敵からの還暦祝いにピッタリだが、この「毛がない」というのは、いやでも「ブラックホールには毛がない定理」を思い起こさせる。物理学者ならではのジョークなのである。

それにしても、そもそも「ブラックホールの情報パラドックス」とはいったい何だったのか。それは、こんなふうにまとめることができる。

ブラックホールの情報パラドックス　ブラックホールはあらゆる物質やエネルギーや情報を呑み込んでしまう。ブラックホールはやがてホーキング放射により蒸発して消滅する。その際、落ち込んだ情報はどうなるのか？　ブラックホールに落ち込んだ情報は二度と元には戻らないのか、それとも、蒸発するときに回収できるのか？

相対論陣営は、いったんブラックホールの奈落の底に落ちてしまった情報は回収不可能で、ブラックホールが蒸発するときに消滅するのだと主張する。

量子論陣営は、ブラックホールをきちんと量子論で扱えば、ブラックホールが蒸発するときに元の情報を回収できると考える。

なぜ、このような亀裂が生じるのかを理解するには、2人の観測者にご登場願わなくてはならない。

ここではサスカインドがあげているもっと劇的な例をみてみよう。

「銀河が丸々一個、10億光年というシュワルツシルト半径をもった巨大ブラックホールに落ち込む様子を想像してみましょう。外部から見ているかぎり、銀河とその中の不幸な住人たちは、プランク温度にまで熱せられ、やがては蒸発の際に外部に放出されます。これはすべて地平線で起きる事件です！　一方、落ちてゆく銀河の住人たちは、完全に幸福なまま滑り落ちてゆきます。彼らにとって悪夢は10億年後に特異点で起きるにすぎません。しかし、ある種の死後の世界の理論と同様、あちらの世界の住人たちは「こちらの世界に留まっている」われわれとは通信ができないのです」（「スティーヴンとの20年にわたる論争」竹内訳）

ここに出てきた「プランク温度」というのは、初期宇宙がプランク長さ程度の大きさのときの宇宙の温度のことで、約10の32乗度にあたる。１００度を30回にわたり10倍した温度だ。（高温すぎて摂氏でも絶対温度でもほとんど変わらない！）

事象の地平線を自分で自由落下しながら通過するのであれば、そこでは重力もさほど強くなく、レンガのような堅い壁があるわけでもなく、温度が高いわけでもない。（ただし、自由落下にまかせずに事象の地平線の直前で後戻りしようとすると大変なことになる。ほぼ光速で脱出しなくてはならないので莫大なエネルギーが必要になる。ゆえに温度も高くなってしまう！）

だが、遠くから観察している人には、まったく別の光景が見える。事象の地平線に近づく物体は進行方向に縮んでしまい、スローモーションで動くように見える。そして事象の地平線のところでは、まるで見えない球面にぺちゃんこになって張り付いたように見え、その動きは完全に停止する。

外から見ているかぎり、落ち込んでゆく「情報」はブラックホールの表面に張り付いて残っているのだから、やがて、ブラックホールが蒸発するときに、ふたたび外部に放出されて回収可能ということになる。

だが、ブラックホールに自由落下していく観点からは、いったん境界線を越えて中に入ってしまえば、二度と外部宇宙に抜け出すことはできない。

なんとも頭の痛い問題だが、この争いの解決策は、意外なところからやってきた。それは超ひも理論である。超ひも理論は、ホーキングが始めた量子重力をさらに厳密に定式化したものと考えられ、今のところ完全な量子重力理論の有力候補の地位にある。だから、超ひも理論から情報パラドックス解決の糸口がみつかっても不思議ではないのだ。

超ひも理論は、宇宙のあらゆる素粒子もさらに小さい「ひも」からできていると主張する。そのひものさまざまな振動状態が素粒子に見えるというのである。「ひも」というのは「ひも状になったエネルギー」という意味だ。

ひもはあまりにも小さいので、数学的にはブラックホールと同等であることが判明した。質量が空間の狭い範囲に集まると「空間の底が抜けて」ブラックホールになるわけだから、ひもがブラックホールであるというのは、きわめて自然な帰結だといえる。

超ひも理論は量子論であり、なおかつ相対論（＝重力理論）でもある。そして、超ひもがもっている「情報」は具体的に計算することが可能なのだ。そういった計算は、近年、多くの人々によっておこなわれるようになった。その結果は、「ブラックホールに落ち込んだ情報は失われない」

というものだった。

いや、もっと精確にいうと、物質やエネルギーや情報がブラックホールに落ち込むとき、その全情報は事象の地平線に「コピー」されて残るのである。だから、ブラックホールがもっている情報は、その表面積に比例するのである。

考えてみれば、もともとブラックホールのエントロピーがその表面積に比例する、といいだしたのはホーキングその人なのだ。（精確にはベケンスタインだが、ベケンスタインもホーキングに直接触発されたのだった）

その後、ホーキングは、ブラックホールが温度をもつことから「蒸発」について考え始めて、そこで情報が消える、というまちがった結論に飛びついてしまった。

いまや、完全な量子重力理論の有力候補である超ひも理論の計算から、ブラックホールが情報をその表面に保持できることが判明した。ということは、少なくとも外部から見ているかぎり、その表面に情報が薄く引き伸ばされて張り付いている（＝表面にコピーされている）という考えが正しいことはほぼ確実だといえるだろう。

こういった結果が出されてからも、なお、ホーキングは頑《かたく》なに自説を曲げることを拒んできた。だが、２００４年の夏、大勢の聴衆の前に進み出たホーキングは、自らの手法によりブラックホールが蒸発するときの情報の行方を計算してみせ、堂々と自らの負けを認めたのである。

考えてみれば、もともとホーキングが「ブラックホールに落ちた情報は回収できない」と考えたのは、そこにアインシュタインの重力理論の強い影響があったからだろう。その証拠に相対論陣営の学者の多くが「回収できない」と考えたのである。

古典的なアインシュタインの理論から出発して、特異点定理を証明した後、果敢にも量子論の効果を追究しつづけた男が、それでも最後の最後まで頼ったのは、量子論ではなく古典論の直観だった。

思えばアインシュタイン本人も死ぬまで量子論を受け入れることができなかった。だが、その頑迷なまでの「抵抗」により、その後の量子論は飛躍的な発展をとげたのである。

同じことはホーキングにもあてはまる。ホーキングの執拗な抵抗により、量子論とブラックホールの関係は解明され、いまや「超ひも」というまったく新しいパースペクティブのもとに理論物理学の全体像が見直されてきている。

相対論と量子論をほぼ完全に統合できるとされる超ひも理論にいたり、ようやく、これまでのさまざまな理論上の対立や疑問を超えて、両陣営に和解の時がきたような気がするのだ。

その意味で、アインシュタインの相対論から量子論までを駆け抜けてきた「車イスのニュートン」のダブリン会議における「敗北宣言」は、私にひとつの時代の終わりを感じさせた。

現代物理学の最前線は、すでに、ひとりの天才の業績を超えて、進みつつあるのだ——。

■ホーキング語録■　自らの研究について

振り返ってみると、宇宙の起源や進化にかんする未解決問題に立ち向かう前もって練られた壮大な計画があったかにみえるかもしれない。でも、実際はそんなものじゃなかった。私にはマスタープランなどなかったのだ。私は勘に頼って、とにかく面白そうで、当時可能なものならなんでもやっただけなのだ。(「ビッグバンとブラックホールについて」竹内訳)

参考文献

ホーキング自身による一般向けの解説としては以下のものがある。

●『ホーキング、宇宙を語る』スティーヴン・W・ホーキング、林一訳（ハヤカワ文庫）

●『ホーキング、未来を語る』スティーヴン・ホーキング、佐藤勝彦訳（アーティストハウス）

また、一般向けの共著本は以下のとおり。ただ、ホーキングの場合、一般向けといっても数式や数学的概念を縦横無尽に使うこともあるのでご注意！

●『時空の本質』スティーヴン・ホーキング、ロジャー・ペンローズ、林一訳（早川書房）

裸の特異点が存在できるスーパーコンピューターを使ったシミュレーションの話は、この本のソーンの分担部分に紹介されている。

●『時空の歩き方 時間論・宇宙論の最前線』スティーヴン・W・ホーキング他、林一訳（早川書房）

ホーキングの専門論文集は本格的に勉強したい人の必携書である。特異点定理や宇宙の波動関数の論文も入っている。本書の「ホーキング語録」の出典は主にこの論文集から採って、竹内が意訳したものである。

●『Hawking on the Big Bang and Black Holes』Stephen Hawking（World Scientific）

ホーキングがエリスと一緒に書いた一般相対性理論の教科書も必読文献の一つだが、レベルは高く、大学院以降向けである。特異点定理が載っている。

●『The Large Scale Structure of Space-Time』Stephen Hawking and George F. R. Ellis（Cambridge）

ホーキングの伝記の決定版をあげておく。

●『スティーヴン・ホーキング　天才科学者の光と影』マイケル・ホワイト、ジョン・グリビン、林一、鈴木圭子訳（ハヤカワ文庫）

冒頭ショートショートに登場したエバーレイン博士の「音ルミネッセンス＝ホーキング放射仮説」は、ほぼ学界からは否定されているが、念のため、専門論文をあげておく。

●Claudia Eberlein「Sonoluminescence as Quantum Vacuum Radiation」Physical Review Letters 76, 3842, 1996

●Claudia Eberlein「Theory of quantum radiation observed as sonoluminescence」Physical Review A 53, 2772, 1996

本書でご紹介した、アインシュタインの重力理論のきわめてわかりやすい説明は、ファインマンによるものである。

●『ファインマン物理学Ⅳ』戸田盛和訳（岩波書店）第21章

序章のファインマンの引用は

●『ファインマン物理学Ⅰ』坪井忠二訳（岩波書店）

からである。

シュワルツシルト半径で何が起きるのかを数学的に説明したものとしては、たとえば、

●『Flat and Curved Space-times』George F. R. Ellis and Ruth M. Williams（Oxford）

●『Gravity』James B. Hartle（Addison Wesley）

などをオススメしたい。

重力理論の古典。

●『Gravitation』Charles W. Misner, Kip S. Thorne, John Archibald Wheeler（Freeman）

グースとファーリの「実験室の宇宙」の論文は

●Edward Fahri and Alan H. Guth「An Obstacle to Creating a Universe in the Laboratory」Phsics Letters B 183, 149, 1987

である。

熱が移動するとエントロピーが増大する例やホーキング放射のさらに詳細な説明は、たとえば拙著、

●『熱とはなんだろう』竹内薫（講談社ブルーバックス）

をご覧いただきたい。

サスカインドの論文は

●Leonard Susskind「Twenty Years of Debate with Stephen」http://arxiv.org/abs/hep-th/0204027

である。

量子論における経路和の方法をできるだけ精確かつ一般向けに書いたもの。

●『光と物質のふしぎな理論』Ｒ・Ｐ・ファインマン、釜江常好・大貫昌子訳（岩波書店）

ループ量子重力については

●『ループ量子重力理論入門』竹内薫（工学社）

などをご覧いただきたい。

最後にホーキングの公式ホームページをあげておく。講演集や用語集などがあって楽しい。

●http://www.hawking.org.uk/

【ま行】

【や行】

【ら行】

【わ行】

【な行】

【は行】

【さ行】

【た行】

さくいん

N.D.C.421　233p　18cm

ブルーバックス　B-1487

ホーキング　虚時間《きよじかん》の宇宙《うちゆう》
宇宙の特異点をめぐって

2005年７月20日　第１刷発行
2022年11月15日　第10刷発行

著者　竹内《たけうち》　薫《かおる》
発行者　鈴木章一
発行所　株式会社講談社
〒112-8001 東京都文京区音羽2-12-21
電話　出版　03-5395-3524
販売　03-5395-4415
業務　03-5395-3615
印刷所　（本文印刷）株式会社ＫＰＳプロダクツ
（カバー表紙印刷）信毎書籍印刷株式会社
製本所　株式会社国宝社

定価はカバーに表示してあります。

Ⓒ竹内　薫　2005, Printed in Japan
落丁本・乱丁本は購入書店名を明記のうえ、小社業務宛にお送りください。送料小社負担にてお取替えします。なお、この本についてのお問い合わせは、ブルーバックス宛にお願いいたします。

本書のコピー、スキャン、デジタル化等の無断複製は著作権法上での例外を除き禁じられています。本書を代行業者等の第三者に依頼してスキャンやデジタル化することはたとえ個人や家庭内の利用でも著作権法違反です。

Ⓡ〈日本複製権センター委託出版物〉複写を希望される場合は、日本複製権センター（電話03-6809-1281）にご連絡ください。

ISBN4−06−257487−X

発刊のことば

科学をあなたのポケットに

二十世紀最大の特色は、それが科学時代であるということです。科学は日に日に進歩を続け、止まるところを知りません。ひと昔前の夢物語もどんどん現実化しており、今やわれわれの生活のすべてが、科学によってゆり動かされているといっても過言ではないでしょう。

そのような背景を考えれば、学者や学生はもちろん、産業人も、セールスマンも、ジャーナリストも、家庭の主婦も、みんなが科学を知らなければ、時代の流れに逆らうことになるでしょう。

ブルーバックス発刊の意義と必然性はそこにあります。このシリーズは、読む人に科学的に物を考える習慣と、科学的に物を見る目を養っていただくことを最大の目標にしています。そのためには、単に原理や法則の解説に終始するのではなくて、政治や経済など、社会科学や人文科学にも関連させて、広い視野から問題を追究していきます。科学はむずかしいという先入観を改める表現と構成、それも類書にないブルーバックスの特色であると信じます。

一九六三年九月

野間省一

ブルーバックス　宇宙・天文関係書

1394 ニュートリノ天体物理学入門　小柴昌俊
1487 ホーキング　虚時間の宇宙　竹内　薫
1592 発展コラム式　中学理科の教科書　第2分野（生物・地球・宇宙）　石渡正志／滝川洋二＝編
1697 インフレーション宇宙論　佐藤勝彦
1728 ゼロからわかるブラックホール　大須賀　健
1731 宇宙は本当にひとつなのか　村山　斉
1762 完全図解　宇宙手帳　渡辺勝巳／JAXA（宇宙航空研究開発機構）＝協力
1799 宇宙になぜ我々が存在するのか　村山　斉
1806 新・天文学事典　谷口義明＝監修
1861 発展コラム式　中学理科の教科書　改訂版　生物・地球・宇宙編　石渡正志／滝川洋二＝編
1887 小惑星探査機「はやぶさ2」の大挑戦　山根一眞
1905 あっと驚く科学の数字　数から科学を読む研究会
1937 輪廻する宇宙　横山順一
1961 曲線の秘密　松下泰雄
1971 へんな星たち　鳴沢真也
1981 宇宙は「もつれ」でできている　ルイーザ・ギルダー　山田克哉＝監訳　窪田恭子＝訳
2006 宇宙に「終わり」はあるのか　吉田伸夫
2011 巨大ブラックホールの謎　本間希樹
2027 重力波で見える宇宙のはじまり　ピエール・ビネトリュイ　安東正樹＝監訳　岡田好恵＝訳
2066 宇宙の「果て」になにがあるのか　戸谷友則
2084 不自然な宇宙　須藤　靖
2124 時間はどこから来て、なぜ流れるのか？　吉田伸夫
2128 地球は特別な惑星か？　成田憲保
2140 宇宙の始まりに何が起きたのか　杉山　直
2150 連星からみた宇宙　鳴沢真也
2155 見えない宇宙の正体　鈴木洋一郎
2167 三体問題　浅田秀樹
2175 爆発する宇宙　戸谷友則
2176 宇宙人と出会う前に読む本　高水裕一
2187 マルチメッセンジャー天文学が捉えた新しい宇宙の姿　田中雅臣

ブルーバックス　物理学関係書（I）

79 相対性理論の世界　J・A・コールマン　中村誠太郎＝訳
563 電磁波とはなにか　後藤尚久
584 10歳からの相対性理論　都筑卓司
733 紙ヒコーキで知る飛行の原理　小林昭夫
911 電気とはなにか　室岡義広
1012 量子力学が語る世界像　和田純夫
1084 図解　わかる電子回路　加藤　肇／見城尚志／高橋　久
1128 原子爆弾　山田克哉
1150 音のなんでも小事典　日本音響学会＝編
1174 消えた反物質　小林　誠
1205 クォーク　第2版　南部陽一郎
1251 心は量子で語れるか　ロジャー・ペンローズ／A・シモニー／N・カートライト／S・ホーキング　中村和幸＝訳
1259 光と電気のからくり　山田克哉
1310 「場」とはなんだろう　竹内　薫
1380 四次元の世界（新装版）　都筑卓司
1383 高校数学でわかるマクスウェル方程式　竹内　淳
1384 マックスウェルの悪魔（新装版）　都筑卓司
1385 不確定性原理（新装版）　都筑卓司
1390 熱とはなんだろう　竹内　薫
1391 ミトコンドリア・ミステリー　林　純一
1394 ニュートリノ天体物理学入門　小柴昌俊
1415 量子力学のからくり　山田克哉
1444 超ひも理論とはなにか　竹内　薫
1452 流れのふしぎ　日本機械学会＝編　石綿良三／根本光正＝著
1469 量子コンピュータ　竹内繁樹
1470 高校数学でわかるシュレディンガー方程式　竹内　淳
1483 新しい物性物理　伊達宗行
1487 ホーキング　虚時間の宇宙　竹内　薫
1509 新しい高校物理の教科書　山本明利／左巻健男＝編著
1569 電磁気学のABC（新装版）　福島　肇
1583 熱力学で理解する化学反応のしくみ　平山令明
1591 発展コラム式　中学理科の教科書　第1分野（物理・化学）　滝川洋二＝編
1605 マンガ　物理に強くなる　関口知彦＝原作　鈴木みそ＝漫画
1620 高校数学でわかるボルツマンの原理　竹内　淳
1638 プリンキピアを読む　和田純夫
1642 新・物理学事典　大槻義彦／大場一郎＝編
1648 量子テレポーテーション　古澤　明
1657 高校数学でわかるフーリエ変換　竹内　淳
1675 量子重力理論とはなにか　竹内　薫
1697 インフレーション宇宙論　佐藤勝彦

ブルーバックス　物理学関係書（II）

- 1701 光と色彩の科学　齋藤勝裕
- 1715 量子もつれとは何か　古澤 明
- 1716 「余剰次元」と逆二乗則の破れ　村田次郎
- 1720 傑作！　物理パズル50　ポール・G・ヒューイット＝作　松森靖夫＝編訳
- 1728 ゼロからわかるブラックホール　大須賀健
- 1731 宇宙は本当にひとつなのか　村山 斉
- 1738 物理数学の直観的方法（普及版）　長沼伸一郎
- 1776 現代素粒子物語　中嶋 彰／KEK（高エネルギー加速器研究機構）＝協力
- 1780 オリンピックに勝つ物理学　望月 修
- 1799 宇宙になぜ我々が存在するのか　村山 斉
- 1803 高校数学でわかる相対性理論　竹内 淳
- 1815 大人のための高校物理復習帳　桑子 研
- 1827 大栗先生の超弦理論入門　大栗博司
- 1836 真空のからくり　山田克哉
- 1860 発展コラム式　中学理科の教科書　改訂版　物理・化学編　滝川洋二＝編
- 1867 高校数学でわかる流体力学　竹内 淳
- 1871 アンテナの仕組み　小暮裕明／小暮芳江
- 1894 エントロピーをめぐる冒険　鈴木 炎
- 1905 あっと驚く科学の数字　数から科学を読む研究会
- 1912 マンガ　おはなし物理学史　小山慶太＝原作　佐々木ケン＝漫画
- 1924 謎解き・津波と波浪の物理　保坂直紀
- 1930 光と重力　ニュートンとアインシュタインが考えたこと　小山慶太
- 1932 天野先生の「青色LEDの世界」　天野 浩／福田大展
- 1937 輪廻する宇宙　横山順一
- 1940 すごいぞ！　身のまわりの表面科学　日本表面科学会
- 1960 超対称性理論とは何か　小林富雄
- 1961 曲線の秘密　松下泰雄
- 1970 高校数学でわかる光とレンズ　竹内 淳
- 1981 宇宙は「もつれ」でできている　ルイーザ・ギルダー　山田克哉＝監訳　窪田恭子＝訳
- 1982 光と電磁気　ファラデーとマクスウェルが考えたこと　小山慶太
- 1983 重力波とはなにか　安東正樹
- 1986 ひとりで学べる電磁気学　中山正敏
- 2019 時空のからくり　山田克哉
- 2027 重力波で見える宇宙のはじまり　ピエール・ビネトリュイ　安東正樹＝監訳　岡田好恵＝訳
- 2031 時間とはなんだろう　松浦 壮
- 2032 佐藤文隆先生の量子論　佐藤文隆
- 2040 ペンローズのねじれた四次元　増補新版　竹内 薫
- 2048 $E=mc^2$ のからくり　山田克哉
- 2056 新しい1キログラムの測り方　臼田 孝

ブルーバックス　コンピュータ関係書

1084 図解　わかる電子回路　加藤　肇／見城尚志／高橋　久
1769 入門者のExcel VBA　立山秀利
1783 知識ゼロからのExcelビジネスデータ分析入門　住中光夫
1791 卒論執筆のためのWord活用術　田中幸夫
1802 実例で学ぶExcel VBA　立山秀利
1825 メールはなぜ届くのか　草野真一
1850 入門者のJavaScript　立山秀利
1881 プログラミング20言語習得法　小林健一郎
1926 SNSって面白いの？　草野真一
1950 実例で学ぶRaspberry Pi電子工作　金丸隆志
1962 脱入門者のExcel VBA　立山秀利
1989 入門者のLinux　奈佐原顕郎
1999 カラー図解　Excel「超」効率化マニュアル　立山秀利
2001 人工知能はいかにして強くなるのか？　小野田博一
2012 カラー図解　Javaで始めるプログラミング　高橋麻奈
2045 サイバー攻撃　中島明日香
2049 統計ソフト「R」超入門　逸見　功
2052 カラー図解　Raspberry Piではじめる機械学習　金丸隆志
2072 入門者のPython　立山秀利
2083 ブロックチェーン　岡嶋裕史
2086 Web学習アプリ対応　C語入門　板谷雄二
2133 高校数学からはじめるディープラーニング　金丸隆志
2136 生命はデジタルでできている　田口善弘
2142 ラズパイ4対応　カラー図解　最新Raspberry Piで学ぶ電子工作　金丸隆志
2145 LaTeX超入門　水谷正大